카페를 사랑한 그들

카페를 사랑한 그들

파리, 카페 그리고 에스프리

크리스토프 르페뷔르 지음
강주헌 옮김

효형출판

국립중앙도서관 출판시도서목록(CIP)

카페를 사랑한 그들 : 파리, 카페 그리고 에스프리 / 크리스토프
르페뷔르 지음 ; 강주헌 옮김. ― 파주 : 효형출판, 2008
        p. ;   cm

원표제: La France des Cafés et Bistrots
원저자명: Lefébure, Christophe
권말부록: 카페를 사랑한 사람들, 프랑스 지도
프랑스의 카페를 더욱 깊이 있게 다룬 책 수록
ISBN 978-89-5872-057-7 03980 : ₩13000

596.9-KDC4
647.9544-DDC21   CIP2008000183

카페는 단순히 목을 축이기 위한 곳이 아니었다.
무엇보다 만남의 장소였다.
편안히 즐거움을 나눌 수 있는 주흥酒興의 장소였다.
지금은 그 수가 많이 줄기는 했지만
여전히 역할을 계속하고 있으며
드물게 사교의 장으로 여겨지기도 한다.
예술가들의 피난처이던 카페는 위대한 화가와 소설가,
시인들에게 영감을 주었다.
정치와 철학의 토론장으로서 카페는 민중의 의회였다.
고독과 싸우는 최후의 보루로서 카페는
고통받는 영혼에게 위안을 주는 안식처이기도 했다.

차례

왜 카페는 사랑받는가

이제 많은 사람에게 카페의 방문은 일상의 습관이 되었다. 습관을 넘어서 의식儀式이기도 하다. 카페가 이처럼 사랑받는 이유는 무엇일까? 무엇 때문에 사람들은 줄기차게 카페를 찾는 것일까? 카페의 역사만큼이나 오래된 의문이다. 지금까지 많은 학자가 이 의문을 해결하려고 시도했고 다양한 답을 내놓았다.

예컨대 레티프 드 라 브르톤은 《파리의 밤》에서 카페를 습관처럼 찾는 사람들을 아주 세밀하게 분석해 네 종류로 나누었다. 여자를 찾는 사람, 낙오자, 뜨내기, 그리고 붙박이 손님이었다. 여자를 찾는 손님이 가장 많았고, 고급 카페에서 쫓겨난 낙오자는 거의 대접을 받지 못했다. 뜨내기 손님은 아무 것도 마시지 않으면서 추위를 피해서 왔거나 여자를 희롱하는 것을 구경하러 온 손님, 그리고 약속 때문에 하는 수 없이 카페를 찾는 사람들이었다. 끝으로 아무 것도 하지 않고 아무 것도 마시지 않으면서 그저 해가 지기를 기다리는 붙박이 손님이 있었다.

어쨌든 카페를 찾는 사람들에게는 나름대로 이유가 있다. 손님을 꼬드겨서 커피 한 잔을 얻어 마시거나 보드라운 당구대에서 당구공이 부딪치는 상쾌한 소리를 들으려는 사람, 마냥 우는 갓난아기 때문에 불평해대는 아내의 잔소리를 피하고 저녁 식사를 때우기 위해 카페를 찾는 불쌍한 남자도 있다. 형형색색의 잔으로 술을 마시는 즐거움 때문에, 세상을 체념한 사람들을 찾아서 나름대로 무장한 정치론을 펼쳐보이려 그리고 연료비와 신문값을 아끼려고 카페를 찾는 독신자들이 있다.(《카페의 단골손님들Les Habitués de café》, 조리스 카를 위스망스)

술, 당구, 토론, 독서, 작업, 게으름…. 무엇을 하든 카페는 누구에게나 목적지가 될 수 있다.

카페는 일상이다. 오트가론 주 툴루즈의 투르뇌르 가에 있는 오 페르 루이.

일러두기

1. 이 책에는 여러 문학 작품이 인용되었다. 긴 인용문은 밑줄과 흐린 글씨로 구분했고,
   본문 도중에 인용했을 때는 그 끝에 출처를 밝혀두었다.
2. 이 책에 실린 사진은 지은이가 프랑스 전역을 여행하며 직접 찍은 것이다.
3. 본문에 나오는 역사적 인물은 부록의 '카페를 사랑한 사람들'(196쪽)에서 상세히 소개했다.

01

프랑스의 카페들

프랑스인처럼 카페를 사랑하는 사람들이 있을까?
그들은 카페에 가기 위해 카페에 간다.
혹은 술 마시기 시합을 벌이기 위해,
때로는 애국심을 불어넣는 노래를 친구들과 부르기 위해 카페를 찾는다.
_《파리의 산책자》, 레옹 폴 파르그

최초의 카페, 프로코프

커피가 유럽 대륙에 수입된 17세기부터 카페도 그 모습을 드러내기 시작했다.
파리를 비롯한 대도시의 카페들은 호화로운 실내장식으로 순식간에 유명해졌다.
서민들이 자주 찾던 음침한 공간과는 사뭇 달랐다. 그러나 그곳에서
정치 토론이 벌어지고 반체제 음모가 획책되었기 때문에
곧 당국의 감시를 받게 되었다.

1644년 어느 날, 배 한 척이 마르세유에 도착했다. 터키에서 돌아
오는 배였다. 이 배가 부두에 정박하는 모습을 갑판 위에서 초조
하게 지켜보는 사람이 있었다. 배가 정박하자마자 부두에 내린 그
는 피곤한 표정이었지만 눈빛은 매섭게 빛났다. 그는 선원들에게
손짓을 해가며 우렁찬 목소리로 무엇인가를 지시했다. 간결하면
서도 빈틈없는 명령이었다. 선원들은 일사불란하게 움직이며 쌓
여 있는 물건들을 배에서 내렸다. 그 사람의 눈빛은 기업가의 대
담한 도전정신으로 빛났다. 이 물건들로 엄청난 돈을 벌 수 있을
것이라는 자신감에 넘치는 눈빛이었다. 그는 프랑스 최초로 커피
를 수입한 사람으로 기록되었다. 그러나 그의 꿈은 현실로 바뀌지
못했다.

팔레 루아얄 가에 있는 카페 뒤 카보. 파리시립박물관, 카르나발레박물관.

커피가 프랑스 사람들의 새로운 음료로 자리 잡은 것은 솔리만 아가 무스타파 라카가 태양왕(루이 14세)의 궁전에 터키 대사로 부임한 1669년 이후였다. 당시 사람들은 씁쓰레한 초콜릿의 맛에 이미 익숙해져 있었고 홍차紅茶로 간혹 입술을 적시고 있었던 까닭에 커피도 거부감 없이 받아들였다. 짙은 아로마 향을 지닌 검은 음료는 곧 사교계의 총아가 되었고, 상인들은 그 기회를 놓치지 않았다. 1672년 아르메니아 출신의 파스칼이란 사람이 파리의 두 곳, 생제르맹 광장과 케 드 레콜에 커피 가게를 열었다. 같은 아르메니아 출신인 말리방이라는 상인도 뒤질세라 뷔시 거리에서

18세기의 카페 프로코프. 크레츠의 데생을 바탕으로 조판한 판화.
파리시립박물관, 카르나발레박물관.

장사를 시작했다. 커피를 파는 노점상도 하나 둘씩 늘어났다.

커피 마시는 집의 탄생

이렇게 팔리던 커피는 파스칼의 직원이던 프란시스코 프로코피오 데이 콜텔리에 의해 획기적인 전환점을 맞이했다. 이탈리아 출신의 프란시스코는 1680년 파리에 프랑스 최초의 '커피 마시는 집'을 열었다. 세계 최초는 아니었다. 이런 가게는 이미 영국에 있었다. 영국의 귀족들은 집에서만 커피를 홀짝이는 것에 만족하지 못하고, 공공장소에서도 커피를 즐기고 있었다. 그러나 프랑스에서

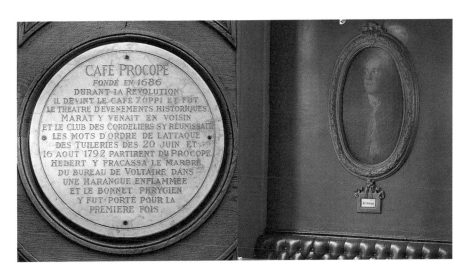

카페 프로코프의 현판(왼쪽)과 장식(오른쪽).
카페 프로코프는 진정한 의미에서 문학이 살아 숨쉬는 최초의 카페였다.
라퐁텐, 몰리에르, 라신, 루소, 볼테르, 디드로, 몽테스키외 등이 단골손님이었다.

는 일종의 혁명이었다. 프란시스코는 '커피 마시는 집'을 관객으로 북적이던 테아트르 프랑세Théâtre Français 맞은편에 열었다. 따라서 그 명성은 보장된 것이나 다름없었다. 실내장식도 화려하게 꾸몄다. 벽에는 커다란 거울을 붙이고 천장은 샹들리에로 장식했다. 테이블은 당연히 대리석이었다. 사교계 사람들이 물밀듯이 몰려들었다. 몰리에르, 라신, 라퐁텐이 앞장섰고, 계몽시대를 빛낸 루소, 디드로, 몽테스키외 같은 위대한 인물들이 뒤를 이었다.

볼테르도 예외는 아니었다. 그의 개인비서의 증언에 의하면, 볼테르는 공연을 하는 동안 사람들이 그의 작품을 어떻게 평가하는지 무척이나 알고 싶어했다. 그러나 사람들의 눈에 띄고 싶지 않았기 때문에 언제나 신부처럼 위장하고 다녔다고 한다. 볼테르는 카페 프로코프의 어둑한 구석에 앉아 바바루아즈bavaroise(계란 노른자, 설탕, 우유, 향료, 젤라틴을 섞어 거품을 낸 생크림으로 만든 디저트)를 먹고 신문을 읽으면서, 연극이 끝나고 관객들이 습관처럼 그 카페로 몰려와 그의 연극을 평해주기를 기다렸다. 손님 중에는 볼테르의 연극에서 아름다운 구절과 극적인 장면을 그대로 재현하는 열성적인 찬양자가 언제나 있었다. 그러나 대다수 사람이 그의 연극에 고개를 갸웃하면서 호의적인 태도를 보이지 않은 날이면 볼테르는 잔뜩 찡그린 얼굴로 집에 돌아왔다. 그는 성직자처럼 옷을 입고, 커다란 코만 살짝 보일 정도로 온 얼굴을 덮어버리는 헝클어진 가발을 뒤집어쓴 채 카페를 드나들었다고 한다.(《볼테르에 대한 일화들Anecdotes sur Voltaire》, 세바스티앙 G. 롱샹)

새로운 유행

주인의 이름을 따 카페 프로코프로 불리는 커피 마시는 집의 성공에 고무되어, 카페들이 우후죽순처럼 문을 열기 시작했다. 1723년에는 파리에만 380곳의 카페가 있었다. 말 그대로 카페의 천국이었다. 사람이 모일 만한 곳에는 여지없이 카페가 들어섰다. 사람들은 카페에 앉아 주변 정담을 나누거나 체스를 즐겼다. 정신을 맑게 해준다는 이야기에 커피의 인기가 치솟았다. 그러나 카페에 들어설 때보다 나설 때 정신이 훨씬 맑아질 리는 없다는 빈정도 떠돌았다.(《페르시아에서 보내온 편지, 편지 36》, 몽테스키외)

어쨌든 카페는 파리 외곽으로도 조금씩 확산되어갔다. 예컨대 그르노블에서는 1739년 카페 드 라 타블 롱드라는 멋진 카페가 문

그르노블의 생앙드레 광장에 있는 카페 드 라 타블 롱드.
1739년에 문을 열어, 지금도 그르노블 시민이 자주 찾는 장소이다.

을 열자마자 루소와 라클로가 단골손님이 되었다. 액상프로방스의
레 되 갸르송은 미라보 거리를 산책하는 사람들의 안식처가 되었
고, 그랑 카페 뒤 테아트르는 보르도 시민들을 끌어들였으며, 마르
세유의 상인들은 보둘과 카사티로 몰려들었다.

위쪽| 알리에 주 물랭에 있는 '카페 아메리캥'의 화려한 입구.
오른쪽| 엑상프로방스에서 가장 오래된 카페 '레 되 갸르송'. 미라보 광장에 있다.

카페의 문제점

카페는 계속해서 늘어갔고 번화가를 벗어나 변두리에까지 들어섰
다. 그런 곳은 카페가 아니라 카바레, 트리포tripot, 타피 프랑tapis-
franc이라 불리고 있었다. 그런데 서민들조차 그런 곳을 찾지 않았
다. 파는 음료가 불결한 상황에서 멋대로 제조되어 건강을 해칠
염려가 있었기 때문이었다. 게다가 행정 당국이 엄격한 보건입법
을 서두르고 있었다. 서민들이 주로 즐겨 찾는 카바레cabaret*와 담
배방 주인들은 포도주와 맥주와 다른
주류에 불순물을 섞어 팔기도 했다. 어

* 카바레는 원래 동네나 마을의
  싼 술집을 뜻한다.

파리 그랑 오귀스탱에 있는 카페 라페루즈. 한때 화려했을 건물 장식은, 이제 고풍스러워졌다.

떤 국민의회 의원은 이 고약한 살인자들이 모든 재앙을 합한 것보다 선량한 파리 시민들의 목숨을 더 많이 앗아간다고 주장하며 술에 불순물을 섞어 파는 카바레 주인들을 사형에 처해야 할 것이라는 법안을 제출한 적도 있었다. 물론 대부분의 카바레 주인들은 가혹한 노동에 시달리는 서민들의 기운을 북돋워주려 불순물을 섞는다고 이야기할 정도로 그런 혼합이 가져오는 치명적인 결과에는 무지했다. 술에 불순물을 섞어 파는 행위가 범죄적인 행위인 동시에 위험한 짓이라는 것을 카바레 주인들과 서민들에게 알리기 위한 지식인들의 저작도 잇달았다.(《파리의 풍경》, 루이 세바스티앙 메르시에)

카페에서 제공되는 커피 자체도 미흡한 점이 많았다. 오히려 집에서 마시는 커피 맛이 더 나은 편이었다. 대리석 테이블, 거울, 크리스털 샹들리에 등으로 호화찬란하게 꾸며진 아름다운 곳 카페에서 선량한 시민들은 대화를 즐기면서 새로운 소식을 알게 되지만, 제공되는 커피는 집에서 끓이는 것에 비해 훨씬 못했다.(《거래 사전Dictionnaire universel de commerce》, 자크 사바리 데 브륄롱Jacques Savary des Brulons) 따라서 일부 사람들이 카페를 찾는 것은 무엇을 바랐다기보다는 거의 무의식적인 행위였다.

거울로 둘러싸인 그곳은 서글픔과 신랄한 풍자에 짓눌려 있다.

어디에서나 슬픈 기운이 엿보인다. 새로운 음료가 이런 차이를 만들어낸

것일까? 이곳에서 마시는 커피는 대체로 너무 태워서 쓴맛이 강하다.

레모네이드는 위험할 지경이고 술은 건강에 좋지 않다.

그러나 화려한 카페를 찾는 선량한 파리 시민들은 비판 없이

모든 것을 마시고 모든 것을 삼킨다.

- 《파리의 풍경》, 루이 세바스티앙 메르시에

삼류 문인의 집합소

물론 카페에서 사람들은 연극과 문학에 대해 토론을 벌였고, 그 시대에 발표된 작품과 연극에 대한 나름의 생각을 기탄없이 개진할 수 있었다. 예술가들은 카페에서 명성을 얻었고 잃기도 했으며, 작품의 성공 여부도 카페에서 결정되었다. 카페는 한량들의 피난처였고 가난한 사람들의 안식처였다. 그들은 겨울을 이곳에서 보내면서 땔감을 절약한다. 학문적인 토론이 벌어지고 연극에 대한 비판이 열을 뿜었다. 그것으로 카페의 등급과 가치가 정해졌다. 시인으로 등단을 노리는 문학가들이 이곳을 찾아와 목소리를 높이고, 다른 집단에서 인정받지 못하고 내쫓긴 예술가들은 이곳에서 독설가로 변했다. 멸시당한 사람이 가장 준엄한 비판자가 되는 것도 당연했다! 이런 결과로 파당이 만들어졌다. 파당의 지도자들은 마음에 들지 않는 작가를 아침부터 저녁까지 가차없이 공격하면서 점점 두려운 존재들

파리 카르나발레박물관에 소장된 어느 카페의 옛 간판.

오른쪽| 마른 주 랭스의 미롱 에리크 광장에 있는 카페 뒤 팔레.

파리 베르리 가에 있는 카페 뱅쿠버. 전문적으로 하는 음료의 이름을 적은 간판을 입구에 걸었다.

로 부각되었다. 때때로 그들은 비난하는 작가의 정신세계를 제대로 이해하지도 못한 채 거창한 이론을 들먹이며 떠들어댔다. 이런 변덕스런 광풍노도를 겪은 뒤에야 문학적 명성이 한층 굳건해진다는 인식이 팽배했다.

그러나 대부분 카페에서 오가는 대화는 쓸데없는 객설로, 삼류 잡지에서 끊임없이 돌아다니는 소문이었다. 게다가 파리 사람들은 순진하기 짝이 없어서 이런 소문을 곧이곧대로 믿었고 자칫하면 정부 발표마저 의심할 지경이었다.

아침 10시에 카페에 들어가 저녁 11시가 되어서야 카페를 나오는 사람들도 적지 않았다. 그들은 카페오레로 점심을 때우고 바바루아즈로 저녁을 대신했다. 카페에서 소일하는 것은 그다지 고상한 짓이 아니었다. 한심한 작태라며 비웃음을 샀다. 그런 짓은 지식의 부족을 뜻하고 괜찮은 사교계의 일원이 되지 못했다는 증거로 여겨지기 시작했다.(《파리의 풍경》, 루이 세바스티앙 메르시에)

그렇다고 볼테르나 루소와 같은 사람을 원한 것은 아니었다. 그런 인물들이 카페에 앉아 있는 모습이 간혹 눈에 띄기는 했지만 극히 드문 일이었다. 뛰어난 학식으로 시원시원하게 토론을 벌이던 작가들이 카페를 떠나고 있었다. 참을 수 없는 거드름을 피워대는 문인들이 득세하던 토론의 시대는 18세기를 지나며 막을 내리고 말았다. 18세기 말의 많은 기록에서 우리는 당시의 서글픈 모습을 엿볼 수 있다. 루소, 라모트, 마리보 등을 중심으로 격렬한 토론을 벌이던 문인들이 카페로 몰려들던 때가 있었다. 그들은 자유의 공간인 카페에서 문학에 대해 마음껏 의견을 개진할 수 있었다. 명철한 생각이 떠오르지 않는 날에는 잠자코 앉아만 있을 수도 있었다. 그러나 어느 날부터 카페는 그 가치가 형편없이 떨어지고 말았다.(《파리의 밤》, 레티프 드 라 브르통)

의심과 경계의 대상

카바레와 담배방과 뒷골목 술집은 여전히 무질서한 곳으로 악명을 떨치고 있었다. 범죄의 온상이었던 까닭에 그처럼 음산한 곳을 법으로라도 금지해야 한다고 생각한 사람이 적지 않았다.

나는 귀가 따갑도록 들었던 알르 가街의 카바레들을 둘러보러 갔다. 그곳에서

파리에 있는 카페 프라댕의 실내 모습. 19세기의 모습을 간직하고 있다.

충격적인 장면을 목격하게 되리라 생각했다. 예상대로 나는 그곳에서
방탕의 극치를 보았다. 줄담배를 피거나 아무 데나 쓰러져 잠을 자는 사람들,
외설스런 몸짓으로 남자를 유혹하는 여인들, 걸핏하면 주먹을 휘두르고
욕설을 내뱉는 사기꾼들. 그리고 즐거움을 기대하며 그곳을 찾았지만 곧
지루함을 이겨내지 못하는 가련한 한량들.

－《파리의 밤》, 레티프 드 라 브르톤

경찰은 눈을 번뜩이며 경계를 늦추지 않았다. 사회 기강의 유지를 위해서라면 언제라도 경찰이 개입할 수 있다는 법까지 제정되었다. 그러나 아무런 소용이 없었다. 따라서 술집 주인들은 더욱 교묘한 장치를 고안해내야만 했다. 오 페르 가에 있던 폴 니케Paul Niquet의 카바레는 브랜디를 섞은 버찌술로 명성이 자자했는데, 그 집은 커다란 카운터를 경계로 두 공간으로 나뉘어있었다. 카운터 맞은 편의 의자에는 단골손님처럼 보이는 허름하게 차려입은 예닐곱 명의 여자들이 주로 앉아 있었지만, 구석자리를 차지한 사람들은 목소리를 높여가며 말다툼을 벌이곤 했다. 사고가 터져도 경찰을 즉시 불러올 수가 없었기 때문에, 폴 니케는 수도관을 교묘하게 설치해서 주먹다툼이 벌어질 때 유용하게 써먹었다. 높은 천장을 따라 연결된 수도관의 꼭지를 열어서 싸움꾼에게 물이 쏟아지게 하는 방법이었다. 물이 소나기처럼 쏟아지면 대개 싸움이 끝나기 마련이었다.(《10월의 밤》, 제라르 드 네르발)

파리 르드뤼 롤랭 가에 있는 카페 비스트로 뒤 펭트르.

정치의 뒷방

월간지 《르 메르퀴르 갈랑》은 카페를 '성실한 남녀들'이 자주 찾는 휴식처로 보았다. 그러나 경계의 목소리를 높이는 사람들이 있었다. 사람들이 카페에 모여 정치 토론을 벌인다는 사실이 알려지면서 정부 당국을 긴장시켰다. 곧이어 엄격한 규제가 하나씩 획책되기 시작했다. 루이 14세 시대에는 경찰이 카페와 같은 공공장소를 철저하게 감시하기도 했다.

카페는 은밀한 만남을 갖기에 적합한 곳이었고, 소문을 퍼뜨리기에 안성맞춤인 곳이었다. 반체제적 소문까지도 카페를 중심으로 퍼져나갔다. 게다가 카페는 비밀이 보장되는 곳이었다. 한마디로 카페는 음모를 꾸미기에 이상적인 곳이었다. 따라서 첩자들이 카페에 몰래 스며들어 귀를 바짝 세우고 정보를 수집하기 시작했다. 그때부터 모두가 경계심을 늦출 수 없었다. 모두가 상대의 신분을 확인한 후에야 입을 열어야 했다. 신중함에 신중함을 더해야 했다.

카페의 손님들은 정치 현안을 아주 자유롭게 토론했다. 몇몇 사람은 유난히 목소리를 높이면서 극단적인 발언도 서슴지 않았다. 다른 손님들의 말조심하라는 경고나 물리적인 위협에도 소용이 없었다. 그들은 시골에서 올라온 듯한 청년들을 흥분시켜 그에게 정치 이야기를 했던 고향 사람들의 이름을 알아내려는 수작까지 벌어졌다.(《파리의 밤》, 레티프 드 라 브르통)

카페와 정치는 떼어놓고 생각할 수 없는 한 쌍이었다. 팔레 루아얄이 대표적이었다. 18세기 말 파리를 대표하는 카페들이 모여 있는 팔레 루아얄에서는 모든 카페가 나름대로 특징을 지녔고, 테

19세기 말 노천 카페의 모습. 손님들의 옷차림에서 지식인이 즐겨찾던 곳임을 알 수 있다.
파리시립박물관 사진 자료실.

이블 하나까지 색다른 멋이 있었다. 프랑스 혁명단체들은 이곳에
서 모임을 하며 그들의 생각을 서슴없이 드러냈다. 그들은 어떤
것도 두려워하지 않았다. 팔레 루아얄은 왕실의 친척 평등공 필립
Philippe Egalité의 소유지였기 때문에 제복을 입은 경찰도 이곳에
섣불리 접근할 수 없었다. 연방파Fédérés(프랑스 혁명 기간중 입헌군
주제를 지지한 중류계급의 정파. 별도의 군대조직을 만들어 활동)는 르 카
보를 본부로 삼았고 평원파Parti Feuillant(대혁명 초기 상류계급을 중심
으로 이루어진 친왕당파적 성격의 정파)는 카페 드 발루아에서 주로 모
였다. 카미유 데물랭이 파리의 부르주아에게 무기를 들라고 선동
해서 바스티유 감옥을 탈취하려 모자에 초록색 잎을 꽂고 출발했
던 곳도 이 지역에 있던 카페 드 푸아였다.

당통과 마라 그리고 당통의 비서 파브르 데글랑틴은 국민의회에서 열띤 논쟁을 벌인 후에 프로코프 카페를 습관처럼 찾았다. 르 펠르티에 드 생파르고가 카페 페브리에에서 왕당파에게 암살당하며, 카페는 비극적인 정치 사건의 무대가 되기도 했다.

> 팔레 루아얄의 카페들은 색다른 모습을 만들어내고 있었다. 어떤 면에서는 놀라운 변화이기도 했다. 실내에만 손님으로 가득한 것이 아니었다. 테이블이나 의자에 올라가 열변을 토해내는 웅변가들의 연설을 들으려는 사람들로 문밖과 창밖에도 발 디딜 틈이 없을 정도였다. 사람들은 웅변가들의 연설을 뜨거운 가슴으로 들었고, 정부를 공격하는 매몰찬 표현이 터져 나올 때마다 우레와 같은 박수로 웅변가에게 화답해주었다. 폭동과 반란을 선동할 듯이 정부를 공공장소에서 비난하는 것을 보고 나는 놀라지 않을 수 없었다.
> -《프랑스 여행》, 아서 영

혁명의 불길이 수그러들자 카페도 본연의 상업적 모습을 되찾았다. 여전히 정치색을 띤 카페가 없지는 않았지만 그런 모습도 과거보다 현저히 탈색된 채였다. 그야말로 데탕트(긴장 완화)의 시대였다. 그때부터 카페는 잠시나마 긴장을 풀고 기분을 전환할 수 있는 휴식처가 되었고 카페가 지닌 매력을 모두가 즐겼다. 파리에서는 귀족이나 소시민이나, 부자나 가난한 사람이나, 예술가나 장인이나 모두가 카페를 중심으로 살아가고 있었다.(《파리의 즐거움》, 알프레드 델보) 그러나 모두가 똑같은 곳을 드나든 것은 아니었다. 신분에 맞는 장소, 각자에게 어울리는 비스트로bistrot가 있었다.

캉탈 주 쇼드에귀에 있는 카페 코스테로스트.
프레스코로 장식된 벽과 천장은 물론 프랑스 최고의 커피 맛으로 유명했다.

카페, 비스트로, 뷔뷔?

서민들의 공간, 주흥酒興이 있는 곳, 고유한 시적인 멋. 카페는 거리의 연장이었기 때문에 은어로 즐겨 지칭되었다. 카페를 가리키는 수많은 말이 만들어졌다. 카페라는 통칭보다 '술통', '갈증을 해갈해주는 응급실', '저축은행'(하기야 손님들이 돈을 넘겨준다는 점에서는 적절하다) 등이 주로 사용되었다. 한편 카페는 교회의 숙적이었다. 그래서 술꾼들은 이런 관계에 빗대어 그들의 삶을 자조적으로 표현하기도 했다. 말하자면 그들은 '카페에 간다'고 말하지 않았다. 계산대가 그들의 제단인 것처럼 '예배당에 간다'고 말했다.

가장 흔하게 사용된 단어는 '비스트로'였다. 그 어원은 분명하지 않지만, 일설에 따르면 1814년 파리에 입성한 코사크Cosaques 병사들에서 비롯된 것이라 한다. 그들은 엄격한 규율 때문에 가혹한 징계를 각오하지 않는 한 술집에 얼씬거릴 수 없었다. 그러나 대담무쌍한 병사들이 감

카페, 비스트로, 뷔뷔… 불리는 이름은 달라도 사람들이 모여 차와 술을 즐기고 이야기를 나누던 곳이라는 점은 같았다.

시의 눈이 느슨해진 틈을 이용했다. 게다가 동료들에게도 따라오라고 손짓하면서 "비스트로! 비스트로!"라고 소리쳤다. 프랑스어로 '빨리! 빨리!'라는 뜻이다. 그 후 이 단어가 파리 전역에서 먼지처럼 급속도로 퍼져 나갔고 급기야 일상언어로 자리 잡게 되었다는 주장이다.

이외에도 '카페마르café mar', '트로케troquet', '만쟁그mannezingue' 등 일일이 나열하기 어려울 정도다. 또한 여자들이 주로 들락거린 곳은 '카불로caboulot', 공장 노동자들의 소굴은 '세나sénat', 술잔치가 끝없이 계속되는 곳으로 유명한 카페는 '술루아르souloir' 등이라 불렸다. 말로 표현하기 힘든 소동이 빈번하게 일어나 악명이 높았던 곳은 '부쟁고bousingot'(무정부주의자) 외에도 '뷔뷔boui-boui', '비빈bibine', '표백제를 파는 집', '마스트로케mastroquet'라고도 불렸다.

붉은 창살이 있고, 푸른 함석으로 포도송이를 만들어 출입문 위에 걸어둔 평범한 술집이 아니었다. 그곳은 옛날에나 볼 수 있었던 싸구려 술집이었다. 사람 키 높이의 칸막이로 화장실도 없었다. 지하실처럼 눅눅한 곳이었다. 벽에 휴지도 걸려있지 않았고, 술꾼들이 버린 술을 흡수해줄 노란 모래도 깔리지 않았다. 여섯 개의 의자와 두 개의 탁자, 그리고 구석의 계산대…
–《파리 크로키》, 조리스 카를 위스망스

시골 카페

시골의 카페는 농부들의 삶을 바꾸어놓았다. 밭일을 끝낸 그들은
이런 곳에서 가볍게 술을 마시며 목을 축였다. 그러나 도에 지나쳐,
때로는 종교 생활이나 본업을 잊은 채 카페에서 시간을 보내는 사람들이
늘어났다. 이에 성직자들은 예배 시간에 카페의 영업을 금지하는 법안을
만들기도 했다.

시골 마을의 카페는 시골 가정집 스타일로 손님이 원하면 숙박도
가능했다. 17세기 말, 보방은 프랑스 전역에 흩어진 4만여 곳의
카페를 조사했다. 법에 따르면 카페는 분명한 표식을 내걸어야 했
다. 주인들이 주로 송악, 실편백, 호랑가시나무 등의 잎 달린 가지
를 출입문 바로 위에 눈에 띄게 걸어두었기 때문에 그 표식은 다
발이란 뜻의 '부숑bouchon'이라 불렸다. 18세기가 되면서 카페의
수는 계속 늘어났다. 1880년경 코트 다모르 주州에는 5000 곳의
술집이 있었지만 1911년에는 그 수치가 거의 두 배로 늘어나 있었
다. 발두아즈 주의 100여 가구에 불과한 쇼시라는 조그만 마을에
도 카페가 일곱 곳이나 되었다. 서너 가구가 외롭게 사는 부락에
서나 찾아볼 수 없을 정도였다.

왼쪽| 외르 주 틸리에르쉬르아브르에 있는 뷔베트의 실내 모습.
오른쪽| 같은 카페의 간판과 대문.

위치는 대체로 마을의 광장이나 주도로변이었다. '카페'라고
부르기가 민망할 정도로 초라한 시설이었던 까닭에 대다수가 작
은 술집이란 뜻의 '뷔베트buvette'라 불렸다. 모파상은 《벨라미》에
서 '아 라 벨 뷔'라는 뷔베트를 다음과 같이 묘사하고 있다. "단층
에 다락방이 있는 초라한 술집이 마을 입구의 왼쪽에 있었다. 옛
날처럼 출입문 위에 걸린 소나무 가지가 목마른 사람은 누구나 들
어올 수 있는 곳이라 말해주고 있었다."

시골 카페 간판에 적힌 단어는 밭일을 떠올렸다. 예컨대 오 봉
무아소뇌르는 선량한 농부들이라는 뜻이었고, 오 랑데부 데 라부
뢰르는 일꾼들의 만남, 라 제르브 도르는 누렇게 익은 곡식 다발
을 의미했다. 실내에는 나무로 된 아담한 카운터, 벽에는 두세 칸

시골의 정취가 물씬 풍기는 비스트로. 크뢰즈 주 생미셸드베스에 있는 프티트 칼레슈.

의 선반, 천장 아래로 굴뚝이 연결된 난로가 있고 서너 개의 테이블이 손님을 기다렸다. 위생이 최우선 과제였던 까닭에 쪽판이 걷어내지고 질퍽한 흙바닥에 타일을 깔았다. 간혹 떠돌이 화가들이 찾아와 벽에 그림을 그려주며 그들이 다녀갔다는 흔적을 남겼다. 창 뒤로 드리워진 옅은 커튼은 손님들에게 포근하고 아늑한 분위기를 더했고, 계산대 뒤로 어디에서나 잘 보이는 곳에 달린 벽시계는 손님들에게 농장으로 돌아갈 시간을 알려주는 훌륭한 역할을 했다. 화창한 날이면 손님들은 건물 앞에 내놓은 나무의자들에 앉아 술잔을 기울었다. 축젯날이면 무도장으로 사용되는 옆방에 들락거리는 손님도 있었다.

때때로 주인은 동시에 다른 장사를 벌이기도 했다. 커피나 술만을 팔아서는 식구를 먹여 살리기가 힘들었기 때문이다. 카페 주인이 되기 전에 그들은 대개 식료품 장수나 이발가나 대장장이였다. 카페는 수입을 늘리기 위한 수단이었다. 따라서 이발소와 카페, 식료품점과 카페가 나란히 붙어있기도 했다. 그래서 옛날 소설을 읽다 보면 간혹 헷갈린다.

그는 낡은 면도용 접시를 꺼냈다. 미지근한 물로 얼굴을 적시고 비누를 칠했다. 그동안 다른 사람은 고기칼처럼 커다란 면도칼을 주머니에서 꺼내 상장에 부착된 가죽에 면도칼을 다듬었다. 그때 날카로운 목소리가 이웃한 식료품점에서 들려왔다. 퀼리나의 목소리였다. '테이블 앞에서 그렇게 지저분한 짓을 할 거에요? 술잔에 털이 들어가면 어쩌려고 그래요! 우리 집을 망하게 작정인가요? 당신 때문에 손님들이 술보다 털을 먹게 생겼잖아요!' 사람들 앞에서 이렇게 면박을 당하자 마크롱은 당혹스러웠지만 순순히 물러설 수는 없었다. '당신은 소금이랑 후추나 팔아!
쓸데없는 참견을 말라구!'
- 《땅》, 에밀 졸라

그러나 상점을 카페로 바꾸는 것을 절대 허락지 않는 조심스
러운 남편들이 있었다. 그들은 술기운을 빌어서 사랑이 가득 담긴
달콤한 말로 술을 팔고 싶어 하는 부인들을 설득시켰다.

마을 식료품 주인들이 경쟁이라도 하듯이 카페를 겸하고 있지만 오데트는
그렇게 하지 않은 이유가 뭐겠어? 물론 오데트는 술을 팔고 싶었겠지만,
의심 많은 남편이 말렸던 거야. 술꾼들이 오데트 치마를 들춰대면서
집적대는 것을 떠올리기만 해도 눈에 불꽃이 튀었겠지. 그래서 포도주를
못 팔게 했던 거라구. 오데트는 지금 맥주랑 레모네이드만 팔고 있어.
- 《이제는 잊혀진 작은 직업들》, 제라르 부테

카페는 조금씩 잡화점으로 변해갔고 낚시용품, 스타킹, 양말
등을 내놓고 팔았다. 피니스테르 주의 플로고프에는 나막신과 구
두를 판다는 간판을 내건 카페가 아직도 있다! 나무로 만든 카운
터 옆에 쌓인 신문과 통조림 속에 신발 더미가 보인다. 또한 붉은
간판의 표시에서 알 수 있듯이 대다수가 담배 판매를 겸하고 있
다. 그래야 더 많은 손님을 끌어들일 수 있을 테니까!

왼쪽위| 피니스테르 주 플로고프에 있는 카페 겸 식료품점,
오른쪽위| 손에루아르 주 쿠슈 교외에 있는 카페 겸 식료품점,
왼쪽아래| 파리 15구 메야크 가에 있는 카페 겸 식료품점,
오른쪽아래| 아직까지 주유소를 겸하고 있는 크뢰즈 주 장티우의 한 카페.

새로운 형태의 삶

19세기에 접어들면서 가족이 한자리에 모일 기회가 점점 줄어들었다. 노동의 리듬에 따라 삶의 형태가 바뀐 것이다. 전통적인 축제와 마을 잔치는 여전히 유지되었지만, 옛날처럼 자주 열리지는 않았다. 초상집에서 밤을 새우는 것이 유일한 오락거리였다. 그런데 마을 광장에 카페가 생기면서 모든 것이 바뀌었다. 농부들은 일요일마다 카페로 향했고 테이블을 사이에 두고 둥그렇게 둘러앉아 술을 마셨다. 카페는 농장과 완전히 달랐다. 농장은 조용하지만 쓸쓸하고 단조로운 곳이었다. 똑같은 일이 끊임없이 반복되는 곳이었다. 그러나 카페는 결혼식장처럼 사람들로 붐볐고 즐거움이 있었다. 귀를 얼얼하게 만드는 소음이 있었고 새로운 소식을 거저 들을 수 있었다. 술과 새로운 소식, 동전 한 닢이면 충분했다. 신문,

왼쪽| 이블린 주 불리옹 마을에 있는 식료품점 겸 카페.
오른쪽| 이블린 주 로제에 있는 식료품점 겸 카페. 사람들은 다른 사람들과 이야기를
　　　하러 카페를 찾았다.

거짓말을 늘어놓는 신문보다 비싸지 않은 돈이었다.(《브르톤의 취기, 술꾼의 심리학L'ivresse bretonne, psychologie du buveur》, J. 팔레Falher)

　젊은이들은 술집에서 밤을 보냈다. 이웃 마을에서까지 달려왔다. 거리는 문제가 되지 않았다. 마차를 타고 오거나 번쩍거리는 자전거를 타고 왔다. 모든 마을에 똑같은 획기적인 변화가 일어났다. 무슨 일이 있든 이웃과 늘상 시간을 함께 보내고 같은 일을 하던 조그만 마을에서도 농부들은 카바레, 특히 카페에서 쉬는 시간을 보내기 시작했다. 견실한 농부도 물론이었다.(《프랑스 시골의 역사》, 조르쥬 뒤비·아르망 발롱)

　사실 비스트로처럼 신나는 곳은 없었다. 비스트로는 언제나 생동감이 넘쳐 흘렀다. 술꾼들의 와자지껄한 소리에 귀가 먹먹할 지경이었다.(《대장 몬느》, 알랭푸르니에)

위쪽 | 캉탈 주 쇼드에귀에 있는 카페 코스테로스트.
아래쪽 | 오트손 주 그레에 있는 카페 라 콩코르드.

> 생루의 모든 남자들이 카페로 몰려들었다. 생루에는 다섯 곳에 카페가 있었다.
> 그리고 쉬농빌에 하나, 탕플에 하나, 라 부르디니에에 세 곳이 더 있었다.
> 광장에 있는 아쉴 폼므레가 가장 붐볐다. 주중에도 그 카페 주변에는
> 마차로 가득했다. 빵장수, 옷감장수, 곡물장수, 가축장수…
> ―《프랑스 농부Paysan Français》, 에프라임 그르나두Ephraïm Grenadou

카페의 분위기는 뜨겁다 못해 데일 지경이었다. 여기저기에서 토론이 그칠 새가 없었다. 자리를 잡아 여유롭게 몇 잔의 술이 오가고 능금주가 곁들여지면서 바야흐로 대화가 무르익었다. 점점 말이 많아지고 목소리가 높아진다. 때때로 정치 이야기도 하지만 대개는 장날의 물건값, 밭일과 가축, 동네에 떠도는 소문이 주된 주제였다.(《브르통의 취기, 술꾼의 심리학》, J. 팔레)

전날 쏟아진 폭우에 입은 피해를 불평하고 밀의 시세가 떨어진 것에 욕설을 내뱉지만 다음날 있을 가축시장에서 만회하겠다고 다짐한다. 말끝마다 웃음보가 터진다. 지나가던 사람까지 그 웃음소리에 끌려 문을 열고 들어와 그들과 한 무리가 된다. 카페의 포도주 향은 모두를 기분 좋게 하고 기운을 샘솟게 했다.(《어린이》, 쥘 발레스)

젊은이의 취미 생활

카페의 단골손님은 젊은이들이었다. 그들은 이런 분위기를 좋아했다. 그들에게 카페는 작은 낙원이었다. 가족의 단속에서 벗어나 마음껏 자유를 누릴 수 있는 세계였다.

즐거움 뒤에는 취기가 오는 법! 그러나 술꾼이 시계탑과 말을 구분하는 한 문제될 것이 없다. 그래, 한 잔을 더하자! 친구들이 박수로 호응해준다. 목소리가 더 커지고 한 잔으로 끝나지 않는다. 이제 말소리가 들리지 않는다. 고함도 들리지 않는다. 대신 노래를 부른다. 알퐁스 도데가 《두 여인숙》에서 묘사한 분위기와 엇비슷하다.

> 고함, 욕설, 테이블을 주먹으로 내려치는 소리, 술잔이 부딪치는 소리, 당구공이 부딪치는 소리, 레모네이드의 뚜껑이 터지는 소리, 이런 소동을 압도하는 맑은 목소리가 있다. 즐거움으로 가득한 노랫소리에 유리창까지 들썩이며 장단을 맞춘다. '아침 해가 솟는 아름다운 마르고통. 은빛 나는 물통 들고 물을 길러 가는구나….'

술집은 손님들로 발 디딜 틈조차 없었다. 카운터까지 가려면 팔꿈치로 사람들을 밀어내며 승강이를 벌여야 했다. 1863년 아르데슈의 경찰서장은 마을 주민 네 사람 중 셋이 카페에서 소일한다는 보고서를 내무성에 보냈다. 카페 여급은 정신을 못 차리게 바빠서 누구에게 무엇을 갖다주어야 하는지도 모를 정도였다. 손님들이 이런 틈을 이용해서 재밌는 장난을 벌였다. 카페 데 되 몽드에서는 손님들이 대리석 테이블 여섯 개로 멋진 단상을 만들었고, 한 구석에 있던 낡은 당구대를 붙였다. 그리고 모두가 테이블을 두드리며 '커피, 커피'라고 소리치며 재밌어했다.(《소생》, 장 지오노)

그리고 음악! 한 손님이 피아노 앞으로 다가가 건반을 살짝 두드려본다. 손님들로부터 추렴한 동전을 대리석 테이블 위에 나란

보클뤼즈 주 빌디외에 있는 카페 뒤 상트르는 옛 모습을 그대로 간직하고 있다.

히 놓고 한 곡씩 차례로 연주했다.(《대지의 공포Peur de la terre》, 장 지오노) 그러면 조용히 신문을 읽으려던 손님은 시끄럽다며, 신문을 테이블에 내팽개치고 옆 사람에게 인사조차 건네지 않고 카페를 나갔다.

춤을 추고 싶어 몸이 근질거리는 신나는 일요일! 카페에서는 약속한 대로 무도회가 열린다. '술 마시는 방'의 옆방은 이미 무도장처럼 꾸며져 있다. 벽은 형형색색의 리본으로 장식되었고, 바닥은 깨끗하게 걸레질을 끝냈다. 테이블이 치워지고 악단을 위한 단상도 설치되었다. 대단한 축제가 벌어질 것 같다. 한 달에 두 번, 당국의 허락 하에 이런 축제가 벌어졌다. 경찰까지 하나가 되었다. 비스트로는 밤 열 시나 열한 시에 문을 닫아야 했지만, 이날은 두 시간 더 영업할 수 있도록 경찰이 허락해주었다. 아줌마들도 찾아와 둥그렇게 둘러앉았다. 주로 화기애애한 분위기의 작은 무도회였다.(《프랑스 농부》, 에프라임 그르나두)

알퐁스 도데는 프로방스의 조그만 카페 앞에서 벌였던 춤판을 《시인 미스트랄》에서 묘사하기도 했다. 모두가 손을 잡고 파랑돌(프로방스 지방의 춤)을 추는 동안 종이 초롱들이 어둠 속에서 환히 불을 밝혔다. 젊음이 숨 쉬는 곳이었다. 춤은 밤새 계속되었다고 한다.

카페는 마을의 축제일에 한몫 보았다. 테라스에 의자가 놓였고 웅성대는 소음소리가 그칠 새가 없었다. 지난 봄 카페 뒤 쾨플의 출입문 앞에 심었던 어린 전나무의 가지에는 아이들이 공놀이에서 이겨서 받은 붉은 목도리, 여자들의 달리기 시합에서 상품으로 받은 푸른 목도리, 남자들의 달리기 시합에서 상품으로 받은 허리띠 장식이 매달려 있었다. 카페 뒤 상트르의 사람들은 '자유의 나무' 아래에 간이무대를 설치했다. 물을 잔뜩 채운 수조에는 술병들이 담겨 있었다. 손님으로 넘쳐 흘렀다. 부엌에서는 식기들이 부딪치며 달그락대는 소리와 물 흐르는 소리가 끊임없이 들렸다. 사람들은 맥주와 포도주를 온몸에 뒤집어썼다. 바닥이 맥주 거품과 포도주로 흥건했다. 발걸음을 뗄 때마다 질퍽대는 소리가 들렸다.(《연민의 고독》, 장 지오노)

술집마다 흥을 돋우는 사람이 있었다. 언제라도 좌중을 즐겁게 해줄 수 있는 재밌는 이야깃거리를 가진 사람, 다른 사람을 압도할 정도로 목소리가 큰 사람, 타의 추종을 불허하는 재치를 지닌 사람이었다.

라 벨르 아델에 이야기꾼 아르튀르 씨가 오면 카페는 무척 붐볐다. 안주도 없이, 작은 능금으로 빚은 술을 외상으로 마시는 그는 언제나 쾌활하고 주변 사람을 즐겁게 해 주었다. 덕분에 카페 라 벨르 아델은 빈 의자가 없었고 계단에도 사람들로 발 디딜 틈이 없었다. 수로에서 낚시하던 사람들도 나막신을 신은 채 아페리티프를 마시려고, 아르튀르 아저씨의 구수한 이야기를 들으려고 서둘러 왔다. 그들에게 그만큼 즐거운 일은 없었다.(《외상 죽음》, 루이 페르디낭 셀린)

성직자와 카페

"성직자는 도박을 하거나 연극 공연에 참여해서는 안 된다. 또한 춤을 추어서도 안 되고 목을 축이려 선술집에 들어가서도 안 된

피니스테르 주 로스코프의 길에서 우연히 만난 옛 카페의 간판.

다….” 13세기에 작성된 쉴리의 학습규약Statut d'Etudes de Suuly 제 65조의 내용이다. 따라서 신부들이 몇 세기 후에 카페가 마을에 우후죽순처럼 들어서는 것을 달갑지 않게 생각한 것은 당연한 일 이었다.

신부들은 아침에 광장을 지날 때마다 유리창 뒤로 저주스런 그 림자가 어른대는 카페에서 눈길을 돌리기에 바빴다. 때때로 사제 관의 창문 아래 비스트로가 들어서기도 했다. 실로 불경스런 작태 가 아닐 수 없었다. 심지어 빨래터까지 사제관의 코앞에 설치되었 을 때 신부들의 심정이 어떠했겠는가! 결국 알프 마리팀 주 생트퇼 의 주임사제는 분노를 참지 못하고 이런 현상을 디뉴의 주교에게 알렸고 주교는 도지사에게 도움을 청했다. 카페에 에워 쌓인 사제 관의 곤경을 해결해달라는 것이었다. 그러니 성당의 지하실에까지 카페가 들어섰을 때 성직자들이 얼마나 경악했을까?

소베르 거리가 끝나는 곳에 서있던 미님 성당의 지하실에는 당시 사용하지 않던 커다란 사무실과 식당이 있었다. 포자 신부가 그곳을 적절하게 사용하겠다고 나서자 교구의 주임사제는 기꺼이 그곳의 사용을 허락해주었다. 어느 날 아침 청년동맹의 임시위원회가 그곳에 일꾼을 투입해서 대대적인 개조를 시작했다. 플라상스의 부르주아들은 성당 지하실에 카페가 생긴다는 소문에 반신반의했다. 그러나 다섯째 날 소문이 사실로 확인되었다. 틀림없는 카페였다. 일꾼들이 긴 의자와 대리석 테이블, 일인용 의자, 당구대 둘, 세 상자의 식기 세트와 유리잔을 옮기고 있었다.
－《플라상스의 정복》, 에밀 졸라

사실 카페는 성직자들을 불안하게 만들었다. 사람들이 걸핏하면 일요일 미사에도 참석하지 않았기 때문이었다. 물론 밭일에 바빠서 참석하지 못한 것이라 둘러댔지만, 그것은 거짓말이었다. 사람들은 주님의 날에도 평소와 다름 없이 가축과 농기구를 돌보고 밭에서 일했다. 자신의 영혼은 돌보지 않고 말이다. 대신 남은 시간은 자극적인 술이 기다리는 카페로 달려갔다! 주님에게 의탁해야 할 시간에 술을 벗 삼아 지낼 뿐이었다.(《시골의 아름다운 계절》, 루이 외젠 마리 보탱)

결국 성직자들은 입법부에 도움을 청했다. 미사 시간 동안이라도 카페가 문을 닫도록 하는 법안을 만들라고 요구했다. 1814년에는 인구 5000명 이하의 마을에서는 미사 시간 동안 카페의 문을 닫도록 의무화하는 법이 제정되었다. 그러나 이 법안은 제대

루아르 주 생보네데카르에 있는 재미있는 간판. '사냥꾼과 허풍쟁이와 멋진 포도주의 만남'.

로 지켜지지 않았다. 신부들은 분노를 금치 못했지만 별다른 수단
이 없었다. 론 주의 생티그니쉬르베르의 주임사제는 이렇게 한탄
했다. "사람들은 교회를 멀리 하지만 카페까지 멀리 하지는 않는
다. 즐거움이 있는 곳이기 때문이다. … 가장家長은 종교의 축복이
있는 성전에서 순수한 즐거움을 더 이상 찾지 않는다. … 대신 쾌
락이 더해지는 상스러운 즐거움을 좋는다. 용연향 대신 포도주 냄
새를, 감미로운 찬송 대신 낯뜨거운 욕설을, 성전 대신 카바레를
찾는다. 그 때문에 화목한 가정이 조금씩 파괴되고 있다." 카페는

셰르 주 비에르종 외곽에 있는 허름한 비스트로.
그러나 낡아보이는 문 안의 세계는 영혼을 파괴할 정도로 치명적인 매력이 있었다.

타락의 장소이자 방탕한 삶의 현장이었다. 그리고 공동체를 위협하는 악마였다.

론 주 우르의 한 사제는 부지사에게 보내는 편지에서, 카페는 지역의 문제아들이 모이는 것이라는 점, 그리고 사람들은 평일은 물론 일요일에도 그곳에서 시간을 보낸다는 점을 언급했다. 어느 해 1월 안투안 성자의 축일에 벌어진 살인 사건도, 진작에 카페를 폐쇄했다면 막을 수 있었을 것이라 안타까워했다. 더불어 젊은이들이 카페를 드나들며 향락과 방탕에 젖어있다는 점도 지적하고 있다.

술이라는 나쁜 친구와 카페

카페의 소란스런 분위기가 맑은 영혼을 병들게 만들었다는 주장은 부인할 수 없는 사실이었다. 졸라의 《대지》에 나오는 랑게뉴카바레는 자욱한 연기와 고함으로 가득한 공간이었다. 그 안에서 사람들은 1리터짜리 화주火酒 병을 앞에 두고 노인을 감언이설로 유혹했고, 자식에게 닥친 악운을 한탄하며 술을 마셨으며, 도박판을 벌였고, 이런 소동 속에서도 책을 읽는 척했으며 여자들조차 술에 취해 얼굴이 발그스레해져 있었다.

> 그만큼이나 취한 늙은 농부와 마주 보고 앉은 예수 그리스도는 큰소리로
> 무엇이라 떠들어대고 있었다. 모두가 작업복 차림이었다. 불그스레한
> 호롱불빛 아래에서 모두가 술을 마시고 담배를 피워대며 가래를 뱉어댔다.
> 조용히 말하는 사람은 없었다. 그러나 그의 목소리는 쇳소리를 내면서 다른

목소리들을 압도하며 귀를 먹먹하게 만들었다. 그는 도박을 하고 있었다. 그의 상대는 차분한 표정이었다. 승부는 결정난 것이나 마찬가지였다. 그가 내민 마지막 카드가 마침내 싸움의 발단이 되고 말았다. 그가 잘못 생각한 듯했다. 승패를 가릴 틈도 없이 그는 자리에서 벌떡 일어나 고함을 질러대기 시작했다. 카바레 주인까지 달려왔다. 예수 그리스도는 카드를 손에 든 채 사방을 돌아다니면서 손님들에게 그의 승리를 확인해달라고 고집을 피웠다. 술에 취한 사람의 광기였다. 그는 이렇게 모두를 괴롭혔다.
– 《대지》, 에밀 졸라

술에 의식을 빼앗긴 사람에게는 종교적 믿음도 없고 법도 없다. 말투도 점점 거칠어진다. 고함과 욕설이 결국에는 싸움으로 발전한다. 그때부터 의자와 술병과 술잔이 날아다닌다. 패자는 문밖으로 쫓겨나며 복수를 다짐한다. 친구들을 데려오겠다고 협박까지 가한다. 아니, 총을 가져오겠다고 위협한다. 이런 술주정뱅이들을 다독거려야 하는 주인이 불쌍할 뿐이다. 론 주의 아졸레트에서 카페 겸 식료품점을 운영한 트롱시 부인은 1862년 10월의 어느 날 끔찍한 일을 당해야 했다. 술을 더 달라는 만취객을 거절하자 그들이 카페의 집기를 부수고 그녀의 생명에 위협을 가했기 때문이었다. 그녀는 목이 졸리며 발버둥치면서 살려달라고 소리쳤고, 그때 두 남자가 달려가 그녀를 겨우 취객에게서 구해냈다고 한다.

카페라는 새로운 공간이 마을 사람들에게 만남의 장소를 제공하면서 뜨거운 우정을 맺게 해주는 곳이라는 찬사는 속임수였고 기만이었다. 이런 곳을 즐겨 찾는 사람에게는 창피한 사실이었겠지만 술집은 건강과 시간을 버리는 곳이었다. 그래서 보탱 신부는

앵 주 생니지에르부슈에 있는 전형적인 시골 카페.

위쪽| 오트가론 주 가랭에 있는 식료품점 겸 카페 문에 걸린 '영업중' 푯말.
가운데| 오른 주 리뉴놀의 향신료 박물관에 전시된 카페의 옛 물건들.
오른쪽| 멘에루아르 주 두에라퐁텐의 라살드비이에 가에 있던 카페 바레의 가격표.

시골에서 보람있게 살아가는 방법에 관하여 천박한 말과 행동이
지배하는 곳, 할 일 없는 한량들이 그저 술을 마시고 담배를 피우
며 신문이나 훑는 그런 곳을 멀리해야만 한다고 조언했다. 즉, 카
페를 피하라는 말이었다. 삶을 그런 곳에서 낭비하기보다는 다른
야망을 키워야 하지 않겠느냐는 이유였다.(《시골의 아름다운 계절》,
루이 외젠 마리 보탱)

　이런 곳을 드나들면서 부도덕한 쾌락을 즐기는 사람을 겉모습
에서 알아내기란 그다지 어렵지 않았다. 바로 옷에 밴 담배 냄새
가 열쇠였다. 특히 젊은이들은 틈만 나면 카페로 달려갔고 그곳에
서 조금씩 악습에 물들어갔다. 미친 듯이 술을 마셨고 도박의 유
혹에 빠져들었다. 그리고 본받을 것 없는 사람들과 어울렸고 파괴
적인 생각에 세뇌되었다.

　시골에서나 도시에서나 카페는 가족의 감시가 없을뿐더러 불

가능한 곳이기 때문에 미풍양속을 가장 위협하는 위험한 장소였다. 젊은이들은 가장 원초적인 본능에 따라 행동하면서 이것을 기분전환이라고 미화시키고 있었다. 믿음도 없고 하나님도 두려워하지 않는 젊은이들에게 예절과 품위를 어떻게 다시 심어줄 수 있을지 보탱 신부의 걱정은 끝이 없었다. 시골 사람들이 카페를 드나들며 결국 무엇으로 기분전환을 하고 있는지는 명확했다.(《시골의 아름다운 계절》, 루이 외젠 마리 보탱)

이런 비난에도 카페는 삶에서 필수불가결한 곳이 되어갔다. 성당 옆에, 학교 옆에도 카페가 들어섰다. 농부들에게 제2의 집이 되었다. 그때 1차 세계 대전이 발발했다. 전쟁터로 떠날 때, 살아서 돌아올 기약이 없이 고향을 떠나야 했을 때, 농부들은 카페에서 환송연을 가졌다. 그리고 그 시간을 가장 행복한 시간인 것처럼 즐겼다.

그리고 전쟁이 끝나고 평화가 찾아오자 마을은 다시 태어났다. 카페의 문에 매달린 종이 다시 울려대기 시작했다. 그러나 카페의 모습이 옛날 그대로더라도 분위기까지 같을 수는 없었다. 옛날처럼 시끌벅적하지 못했다. 고향에 돌아오지 못한 친구들이 너무 많았다. 그 친구들을 떠올릴 때마다 모두가 침울한 얼굴로 변했다.

하지만 세월이 약이었다. 흐르는 시간은 그 상처를 조금씩 치유해주었다. 웃음이 다시 살아났다. 힘겨운 농사일을 끝낸 후 농부들은 다시 카페의 단골손님이 되었다. 그러나 다시 전쟁이 터졌다. 2차 세계 대전이라는 고통스러운 억압의 시대가 닥쳐왔다. 마침내 해방! 카페마다 해방의 기쁨을 자축하는 술잔치가 벌어졌다.

이때처럼 카페가 흥청대던 때가 없었다. 그러나 이런 분위기는 금세 식었다.

세월이 무섭도록 빠르게 바뀌었다. 카페 주인들도 시대의 흐름에 따라 변신하지 않으면 안 되었다. 코카콜라와 소다수가 유행이었다. 실내 축구대와 전자오락기도 갖추어야 했다. 주크박스까지 등장했다. 그러나 노인들은 주크박스에서 흘러나오는 시끄러운 굉음에 혀를 내두르며 카페를 떠났다. 옛날처럼 장사가 수월치 않았다. 마침내 카페는 건전해졌지만 동시에 건조해졌다. 카페 주인들이 문을 닫고 서둘러 시골을 떠났다. 힘겨운 시절을 이겨낸 조그만 카페만이 명맥을 이어갔다.

서민을 위한 카페

도시의 카페는 노동자들의 휴식처가 되었다.
분위기는 대부분 소박했지만,
일부는 매우 화려한 실내장식으로 손님들을 유혹했다.

사거리, 열린 문, 술집.

주석그릇, 구리식기, 반짝이는 거울, 검은 선반과 **빽빽**이 진열된 술병들.

알코올냄새가 인도를 향해 흘러나와 행인을 유혹하는구나.

카운터 위에 산처럼 쌓인 동전들, 취한 사람들, 그들의 커다란 혀가

말없이 엷은 황금빛의 맥주와 토파즈빛의 위스키를 핥는구나.

－《사방으로 뻗은 도시들》 중 '공장들'에서, 에밀 베르아렌

19세기 말 카페는 어느 도시에서나 볼 수 있었다. 노동자들의
휴식처가 황금기를 맞은 것이었다. 예를 들어 노르 주의 루베에는

랑드 주 라바스티드다르마냐크에 있는 카페 토르토레의 내부.

왼쪽위| 손에루아르 주 샤페즈에 있는 카페 오클레르.
오른쪽위| 노르 주 세크부아에 있는 카페 생 엘루아.
왼쪽아래| 랑드 주 생쥐스탱에 있는 카페 상트랄.
오른쪽아래| 랑드 주 라바스티드다르마냑에 있는 카페 토르토레.

카페가 인구 50명당 하나였다. 카페는 열악한 조건의 공장에서 힘겹게 일하고 비위생적인 주거공간에 갇혀 지내야했던 노동자들에게 유일한 휴식처였다. 노동자들이 어울려 담배를 피우며 술을 마실 수 있었던 카페는 아주 소박한 모습이었다.

대도시로 넘어가보자. 서민들의 동네와 외곽지대에는 카페로 넘쳐흘렀다. 역시 소박하게 꾸며진 까닭에, 선술집이나 목로주점이라 불렸다. 재미있는 간판들이 행인들의 눈길을 끌었다. '아 라 그랑드 팽트'(커다란 잔으로), '아 라미 레옹'(친구 레옹에게), '오 프티 쟁그'(작은 술집에서), '오 봉 쿠엥'(기분좋은 구석에서), '오 트라바이외르'(노동자들에게)…. 그러나 반듯하게 진열된 술병들 외에 특별한 것은 없었다. 문 앞에는 둘로 쪼갠 술통이 양쪽에 놓여 있고, 먼지를 뒤집어 쓴 화분 몇 개 정도가 고작이었다. 문을 열고 들어서면 보이는 큼직한 카운터에는 여느 술집이나 꼭지가 달린 술통, 유리잔과 주석 그릇이 정돈되어 있었다. 널찍한 공간은 니스 덧칠로 반짝거리는 노란 술통이 놓여 있었다. 선반 위로는 브랜디 병과 과일주 병, 온갖 종류의 병이 있어 카운터 뒤의 거울에 푸른색, 노란색, 붉은색의 얼룩을 만들어냈다.(《목로주점》, 에밀 졸라)

그러나 때때로 술집 주인들은 다른 술집보다 멋지고 편안한 곳을 만들겠다며 욕심을 부렸다. 따라서 실내장식과 설비에 심혈을 기울였다. 전화를 설치하고 화장실을 갖춘 술집까지 생겼다. 마루판을 뜯어내고 아름다운 모자이크로 바닥을 장식한 술집도 있었다. 벽에는 술의 이점을 찬양하는 광고판이 걸리기도 했다.

졸라가 《파리의 중심》에서 묘사한 카페도 과장이 아니었다. 포도나무 잎과 가지 그리고 포도송이로 장식된 실내. 흰색과 검은색 타일을 사용해서 바둑판 모양으로 꾸며진 바닥. 회전 계단을 통해 지하 술창고로 연결된 통로를 가린 붉은 휘장. 그 너머로는 당구대가 있는 이층이 어렴풋이 보였다. 그러나 이 카페의 자랑거리는 누가 뭐라해도 오른쪽의 카운터였다. 윤이 나도록 닦아낸 은이 무색할 정도였다. 붉은 대리석과 흰 대리석으로 만든 받침대 위로 아연판이 곤돌라 모양으로 멋들어지게 휘어지면서, 금속으로 만든 식탁보처럼 물결무늬를 만들어내며 카운터를 감싸고 있어 아름답게

조각된 제단을 앞에 둔 기분을 자아냈다. 한쪽 끝에는 구리테를 박
아넣은 도자기 주전자가 가스불 위에 올려져 있었고, 반대편 끝에
서는 세밀하게 조각된 대리석 술통에서 끊임없이 술이 흘러나오고
있었다. 카운터 가운데에 파인 개수대에는 마개를 따낸 술병들이
담겨 있었다. 술잔은 종류별로 정돈되어 있었다. 전에 헌금함으로
쓰였다는 양은 항아리가 받침대 위에 올려져 있었고, 다른 쪽에는
작은 숟가락이 부채꼴 모양으로 멋지게 정돈되어 있었다. 이런 카
페 중에서 오늘날까지 그 자리에 남아 있는 것은 거의 없다. 그러
나 그 이미지는 여전히 사람들의 뇌리에 생생하게 남아 있다.

　　오베르뉴에서 파리로 상경한 숯장수들이 파리의 길거리에 상
점을 열었다. 그들은 창고에 보관한 석탄 자루를 배달하려고 뛰어
다니면서도 그곳에서 커피와 술을 팔았다. 어떤 어려운 일에도 좌
절하지 않았던 굳센 노동자들이었던 까닭에, 생제르멩 가의 브라
스리 리프를 열어 대단한 성공을 거둔 마르슬랭 카즈Marcellin

왼쪽| 카페의 테라스에 앉아있는 노동자들.
오른쪽| 노르 주의 한 카페에 모인 광부들.

위쪽| 멘에루아르 주 두에라퐁텐의 라살드비이에 가에 있던 카페 바레에 놓인 술병들.
왼쪽아래| 툴루즈의 역사가 살아 숨쉬는 카페 오 페르 루이.
오른쪽아래| 코레즈 주 생탕젤의 카페 말리사르. 맥주통과 이어진 꼭지는 노동자들의 즐거움의 근원이었다.

Cazes를 부러워만 하지 않았던 것이다. 이외에도 르아브르나 생나제르의 부두에 들어선 선술집들, 벨빌의 비스트로들, 리옹의 '부숑'들은 소시민과 노동자의 휴식처로 나름대로 독특한 분위기를 지닌 곳이었다.

챙달린 모자, 입에 문 담배, 바싹 세운 푸른 깃, 주머니 속에 찔러넣은 손, 빈정대는 말투…. 서민의 카페를 찾는 손님들의 특징이었다. 그들의 숙소는 음침한 굴이나 다름없었다. 따라서 카페는 그들의 피신처였다. 게다가 그처럼 뜨거운 열기를 어디에서 찾을 수 있었겠는가? 그들은 일을 시작하기 전에 카운터 앞에 서서 짧은 시간이나마 자유를 즐겼다. 그리고 휴식 시간에도 카페를 찾았다. 해가 저물면 일을 끝냈다는 만족감에 카페를 다시 찾았다. 그들은 일요일 아침에도 친구들을 만나러 카페로 달려갔다. 인민전선의 승리와 유급휴가의 쟁취를 자축하기 위해서도 그들은 카페에 모였다. 또한 카페는 카드와 도미노 게임과 같은 흥겨운 오락을 즐길 수 있는 곳이었다. 축제의 날에는 가족까지 데리고 나와 작은 오케스트라의 연주를 들었고, 아코디언 반주에 맞춰 춤을 추었다. 그리고 여유가 있을 때에는 카페에 앉아 신문을 읽기도 했다. 노동과 카페, 이 둘은 떼어놓을 수 없는 한 쌍이었다. 따라서 카페는 때때로 직업소개소의 역할을 해내기도 했다.

영락零落의 길

매일 아침 배낭을 어깨에 걸치고 공장으로 했다가 지친 몸을 이끌고 음침한 집으로 돌아가는 저녁이면 선술집의 불빛이 건너편에서 노동자를 유혹한다. 그들은 잠시 망설인다. 그리고 딱 한잔만 마시겠다고 다짐하며 선술집으로 발걸음을 돌린다. 선술집에 들어서는 순간, 동료들의 얼굴을 보고 놀라면서도 반가워한다. 대화가 열기를 뿜고 술잔을 주고 받는다. 망각의 기운이 슬그머니 얼굴을 내밀기 시작한다. 그러나 이미 늦었다. 그래도 아내와 자식들이 기다리는 집으로 돌아가야 한다. 아쉽지만 친구들에게 "내일 만나세"라고 말하고 카페를 나선다.

이처럼 카페에 들르는 것은 일상의 습관이 되었다. 그들은 이 습관을 쉽게 깨지 못했다. 술은 점점 독해졌고 값도 비싸졌다. 덕분에 노동자들은 수입의 상당 부분을 카페에서 날려 버렸다. 어쨌든 그들은 단골손님이 되었고 주인은 그들에게 기꺼이 외상 술을 주었다. 무언의 합의였던 셈이다. 그리고 일주일의 급료를 받는 월요일에

에밀 졸라의 소설 《목로주점L'assommoir》을 9막의 희곡으로 각색한 연극이 포르트 생마르탱 극장에서 공연된다는 것을 알리는 포스터.
테오필 알렉상드르 슈타인렌의 작품.

외상을 갚았다. 기분좋은 월요일! 어찌 그날을 그냥 넘길 수 있었겠는가? 그들은 술잔을 기울이며 월요일을 축제일처럼 즐겼다. 다시 같은 생활의 반복이었다.

오늘날 공장은 모두 도시 밖으로 나갔다. 서민 지역도 대부분 완전히 재정비되었다. 새로운 도시문화가 시작되면서 카페도 혁명적인 변화를 겪었다. 변화에 동참하지 못한 카페는 문을 닫아야 했다. 카페를 찾는 손님들도 눈에 띄게 얌전해졌다. 옛날의 향수를 자극하는 카페들이 간혹 눈에 띈다. 그럭저럭 옛날의 실내 장식을 간직하고 있기 때문이다. 지금은 이런 곳이 유행을 선도하는 곳이 되었다. 이런 곳에 드나들어야 품위있는 사람이라 평가받는다. 야릇한 운명이지 않은가! 수십년 전만해도 '상류계급'은 이런 곳을 거들떠 보지도 않았는데 말이다. 서민들에게 목로주점이 있었다면 상류계급에게는 살롱 풍의 커다란 카페가 있었다.

사교계, 르 카페 드 프랑스

카페는 사교계에서 유명해지기 위해 반드시 다녀야 할 장소였다.
커피를 마시러 어딘가에 간다는 것은 세속적인 삶에서 가장 큰 즐거움이었다.
그러나 동시에 카페는 아무나 드나들 수 없는 장소였고,
일부 부르주아에게는 결코 드나들어서는 안되는 곳이 되기도 했다.

그는 옷을 입었다. 그리고 이륜마차를 준비시켰다. 우리는 돈 많은
백만장자처럼 의젓하게 '카페의 파리'에 도착했다. 상상의 돈으로
살아가는 대담한 투기꾼처럼 거만하게!
－《상어가죽》, 오노레 드 발자크

카페에도 귀족이 있었다. 세련되게 장식된 카페가 파리에 속속 들
어서면서 상류 계급의 사교장이 되었다. 실내장식은 화려하기 그
지 없었다. 유명한 살롱*의 분위기에 뒤
지지 않았다. 흔히 카바레라고 불리던
서민들의 안식처와는 완전히 달랐다.
화려함과 즐거움만 있는 곳이었다. 프

* 살롱은 상류 가정의 객실에서
열리는 집회를 말한다. 집 밖에
서 차나 알코올 음료를 즐기게
되기 전 부르주아나 귀족 계급
의 유일한 사교 모임이었다.

란시스코 프로코피오가 첫 단추를 꿰었다. 그의 카페는 사방을 두른 커다란 유리, 천장에 매달린 휘황찬란한 크리스탈 샹들리에, 세련된 대리석 테이블로 꾸며져 있었다. 비엔나, 베네치아와 디불어 파리는 고급 카페의 중심지였다. 르 카페 드 라 레장스는 천여 개의 호롱불로 실내를 밝혔다.

유명한 화가와 건축가가 카페의 장식에 발벗고 나섰다. 위베르 로베르는 카페 드 라 로통드를 장식했고, 클로드 니콜라 르두는 카페 밀리테르를 아름답게 꾸몄다. 옛 탕플 가에 있는 카페 튀르크에는 부르주아들이 커피를 마시는 커다란 살롱

지금은 문을 닫은 카페 밀리테르를 장식했던 패널. 유명한 건축가 루이 니콜라 르두의 작품.

이 있었고, 체스와 도미노 게임을 할 수 있는 방과 당구실이 마련되어 있었다. 그러나 무엇보다 실내에 꾸며놓은 정원이 압권이었다. 마치 아법사 아르미드의 궁전에 들어선 듯한 기분이라며, 황홀경에 빠져 입을 다물지 못했다. 정원을 장식하는 종이 초롱의 은은한 불빛에 둥근 천장이 회전하는 것처럼 보였다고 한다.(《한 유배자의 회고Souvenirs d'un exilé》)

파리의 명사들이 이런 고급 카페에 모여들었다. 마주한 거울에 무한히 반사되는 상으로 유명했던 카페 데 밀 콜론도 그중 하나였다.

왼쪽| 발두아즈 주 로슈귀용에 있는 레 보르 드 센.
낡은 벽에 그려진 풍경화와 배 모양 장식이 인상적이다.

카페의 황금시대

화려한 카페들이 19세기의 파리의 대로大路를 더욱 아름답게 했다. 그들은 치열한 경쟁을 벌였다. 이탈리엥 가에서는 카페 리슈와 카페 앙글레가 마주보고 있었고, 카페 드 라 페는 오페라 광장에 장엄한 테라스를 드러냈다.

그랑 카페 파리지엥은 '세계에서 가장 큰 카페'라는 광고로 차별화를 시도했다. 또한 황금 장식, 대리석, 벨벳으로 온 공간을 채워 화려함의 극치를 보여주었다. 떡갈나무로 만든 거대한 카운터는 프랑스에서 맥주로 가장 유명한 네 도시, 즉 파리, 리옹, 릴, 스트라스부르를 상징하는 네 여인의 부조로 장식되었다. 둥근 천장에는 아름다운 프레스코 벽화가 그려졌다. 또한 셰 프라스카티와 셰 토르토니를 찾은 손님들은 회반죽과 황금빛이 어우러진 장식을 보면서 한가한 시간을 조용히 보낼 수 있었다. 밤이 되면 현란한 조명이 카페를 밝혔다. 게다가 그 시대의 유행은 아름다운 도자기와 벽화로 실내를 장식하는 것이었다. 도자기와 벽화는 파이프 담배와 시가의 연기에도 쉽게 변색되지 않는 장점이 있었다. 한 마디로 카페는 기분 좋은 만남을 보장해주는 곳이었다.

연인이 비밀스런 만남을 가질 수 있는 아늑한 분위기의 부속실을 갖춘 카페도 적지 않았다. 주로 중이층中二層에 위치한 부속실을 이용하는 손님은 매력적인 비밀의 방에 들어가는 기분을 느꼈다. 커다란 창으로 바깥의 소음이 들렸고, 카페 아래층의 환한 불빛에 반사된 사람들의 그림자가 비쳤지만 그곳에서의 밀회는 드문 일이 아니었다.(《주임사제》, 에밀 졸라)

의자는 그 이상 안락할 수 없었다. 고급가구 장인匠人으로 유명했던 미하일 토네트Michael Thonet가 디자인한 물품이 인기가 많았다. 19세기 말은 아르 누보Art Nouveau의 시대였다. 카페 주인들은 아르 누보의 흐름에 맞추어 실내장식을 완전히 뜯어고치는 데 돈을 아끼지 않았다. 서비스도 흠잡을 데 없었다. 카페의 웨이터들은 손님의 의도를 미리 헤아렸고, 시설은 최첨단이었다. 예컨대 마르세유의 그랑 카페 글라시에는 1분에 500잔의 커피를 만들어 낼 수 있는 시설을 자랑으로 내세웠다!

지방의 도시들도 파리를 흉내내기 시작했다. 발자크는 《농부들》에서 부르고뉴에 위치한 소도시, 술랑쥬의 한 카페를 아주 세밀하게 묘사했다.

광장을 향한 정면은 특별한 그림들로 장식되어 있었다. 출입문의 격자창 사이에 있는 그림에는 리본으로 매듭을 묶어놓은 당구 큐가, 그 위로는 그리스 풍의 술잔에 담긴 펀치볼에서 김이 모락모락 올라가는 모습이 그려져 있었다. 또한 '카페 드 라 페' 라는 이름이 푸른 바탕에 노란색으로 씌여 있었고, 그 양끝에는 삼색의 당구공들이 삼각형 모양으로 덧붙여져 있었다. 초록색으로 칠해진 창틀에는 어디서나 구할 수 있는 작은 창유리들이 끼워져 있었다. 카페용 정원수로 흔히 쓰였던 측백나무 열 그루가 출입문 좌우로 심어져 있었지만 유리상자에 씌워져 거만한 모습만큼이나 병약해 보였다. 당시 파리를 비롯한 부유한 도시들의 카페 주인들은 따가운 햇살에서 상점을 보호하기 위해 차양을 설치했지만 술랑쥬에는 아직 알려져 있지 않았다. 진열장의 선반에 올려진 술병들에는 정기적인 열소독으로 안전한 술이 담겨져 있었다. 창유리의 볼록렌즈 효과로 수렴된 햇살이 선반에 진열된 마데이라 산 포도주 병, 과일주 병,

왼쪽| 알리에 주 물랭에 있는 그랑 카페.
오른쪽| 코트 도르 주 솔리외에 있는 카페 드 파리.

달콤한 포도주 병, 살구주와 버찌주를 담은 병들을 뜨겁게 달구기도 했다.

1804년, 소설 《폴과 비르지니》가 선풍적인 인기를 끌었을 때, 카페의
내부는 이 소설 주된 장면들이 묘사된 광택지로 꾸며졌다. 커피를 수확하는
흑인들의 모습을 묘사한 장면이 있었듯이 카페에서 커피를 팔기는 했지만
한 달에 스무 잔 이상이 팔리지는 않았다. 술랑쥬의 주민들이 이 화려한 카페,
특히 도금한 항아리들과 고베르탱이 소카르 부인에게 주었다는 이중
통풍장치가 있는 램프들이 올려진 마호가니 카운터로 달려왔던 시기부터
지금까지, 금박을 입힌 거울틀과 모자걸이 이외에 실내장식은 전혀 바뀌지
않았다. 끈적대던 칠의 색이 완전히 바래, 벽장 속에서 내팽겨쳐진 낡은
그림들의 색처럼 변했을 뿐이다. 대리석 테이블들, 유트레흐트에서 만든

왼쪽| 보클뤼즈 주 카바이옹에 있는 카페 뒤 시에클에 장식된 수많은 벽화 중 하나.
가운데| 1899년에 문을 연 카페 레 자르셰는 금가루를 뿌린 듯한 스테인드글라스로
　　　장식되어 있다.
오른쪽| 노르 주 에르젤르의 카페 데 조르그에 걸려 있는 벽화.

붉은 벨벳을 씌운 의자들, 사슬로 천장에 매달려 있는 아르간 등燈은

카페 드 라 게르를 순식간에 유명하게 만들어주었다.

　　1802년부터 1814년까지 술랑쥬의 부르주아는 작은 잔에 술과 포도주를

마시면서, 때로는 화주火酒에 적신 과일과 비스켓을 먹으면서

도미노 게임과 카드 게임을 즐기기 위해 이 카페를 찾았다.

이런 상세한 묘사에서 여행자들은 옛 추억을 떠올리게 될 것이다.

파리를 한 번도 떠나보지 않은 사람도 연기에 그을린 카페 드 라 페의 천장과,

그곳에서 인간들과 어울려 자유롭게 살았던 곤충들이 남긴

수많은 얼룩으로 흐릿해진 유리들을 어렴풋이 상상해볼 수 있을 것이다.

위쪽| 지금은 문을 닫은 카페
    리슈를 화려하게 꾸며주었던
    모자이크의 하나.
    카르나발레박물관.
아래쪽| 카페 리슈를 장식한 또
    다른 모자이크.

'그랑 카페', '카페 드 라 페', '카페
드 프랑스'는 어느 대도시에서나 그곳을
대표하는 카페의 이름이었다. 그러나 그
르노블 사람들은 카페 드 라 타블 롱드를
자랑스레 내세웠고, 보르도에서는 휘황찬
란한 카페 뒤 그랑 테아트르가 문을 열었
다. 마르세유의 카페 튀르크는 무어식 장
식으로 이국적인 멋을 과시하면서 마르세
유의 최고 번화가 라 칸비에르를 찾는 사
람들에게 볼거리를 더해주었다. 카페 드
뤼니베르와 카페 드 프랑스가 이 카페를
그대로 흉내내면서 1853년과 1854년에
차례로 문을 열었다. 한편 님므의 카페 드
샤를 오른은 법랑으로 장식한 거울로 손
님들을 유혹했다. 프레스코 벽화와 모자
이크와 스테인드글라스가 카페를 아름답
게 꾸며주었지만, 예술가들은 지나치게
화려한 것을 달갑지 않게 생각했다. 조르
주 상드가 대표적이었다. 엄청난 돈을 쏟
아 부은 결과물인 화려한 카페는 그녀의
눈에 겉치레만 번드레한 것으로 보였고,
반사되는 각의 차이로 착각을 일으키는 거울이 결국 고액을 지불
한 대가라는 시를 남기기도 했다.
  카페의 지나치게 호화로운 장식에 압도당해 감히 그 문턱조차

넘지 못하는 손님도 있었다. 브장송의 그랑 카페 앞에서 쥘리엥은 손님들의 호사스런 옷차림과 카페의 아름다운 장식에 압도당해 꼼짝할 수 없었다.

거대한 출입문 위로 커다랗게 쓰인 카페라는 글자를 분명히 읽었지만 믿기지 않았다. 그는 자신의 눈을 믿을 수 없었다. 용기가 필요했다. 그는 마음을 굳게 먹고 카페의 문턱을 넘어섰다. 30보, 아니 40보 정도의 긴 복도가 보였다. 천장 높이도 6미터는 될 듯 싶었다. 그날, 그에게 즐겁지 않은 것은 없었다. 두 판의 당구 게임이 진행중이었고 웨이터들은 점수를 매기고 있었다. 당구대를 빈틈없이 에워싸고 있는 구경꾼은 모두가 담배를 물고 있었다. 담배 연기가 피어올라 푸른 구름처럼 그들을 감쌌다. 쥘리엥은 당구치는 사람들에게 눈길을 뗄 수 없었다. 그들의 훤칠한 키, 둥근 어깨, 신중한 걸음걸이, 짙은 구렛나루, 길쭉한 연미복, 모든 것이 쥘리엥의 눈길을 끌었다. 옛 브장송의 고결한 후손들은 목소리마저 위압적이었다. 그들은 용맹한 전사처럼 행동했다. 쥘리엥은 그런 모습에도 압도되지 않을 수 없었다. 그는 브장송과 같은 대도시의 광대함과 화려함을 상상해보았다. 당구판의 점수를 계산하며 오만한 눈빛을 번뜩이는 웨이터들에게 커피를 달라고 말할 용기조차 생기지 않았다. 그러나 카운터의 아가씨가 시골에서 올라온 젊은 부르주아 청년의 해맑은 얼굴을 눈여겨보고 있었다. 그때 쥘리엥은 조그만 봇짐을 옆구리에 낀 채 난로에서 세 발짝 정도 떨어진 곳에 멈추어서서, 하얀 석고로 아름답게 빚어낸 왕의 흉상을 바라보고 있었다. 프랑쉬 콩테가 고향인 여인, 하늘거리는 몸매를 지닌 여인, 커피맛을 더욱 돋우기 위해 그곳에 서 있던 여인은 쥘리엥에게만 겨우 들릴 듯한 작은 목소리로 벌써 두 번씩이나

"무슈! 무슈!" 하고 불렀다. 쥘리엥은 그 목소리의 주인공을 찾아 고개를 돌렸다. 그리고 옅은 푸른빛의 커다란 눈동자를 보았다. 그를 살며시 불렀던 목소리의 주인공이었다. 그는 카운터를 향해, 아니 그 아름다운 여인을 향해 급히 다가갔다. 마치 적을 향해 달려가듯이! 갑작스레 움직였던 탓일까? 그만 봇짐을 떨어뜨리고 말았다. 열다섯 살이면 당당하게 카페를 들락거렸던 파리의 고등학생들에게 이 시골 청년이 어떤 연민을 불러 일으켰을까?
－《석과 흑》, 스탕달

그러나 시골의 카페는 이러한 파리의 경향을 결코 따라가지 못했다. 파리의 지성인들은 그렇게 확신했다. 파리 시민이 시골의 카페에 아무렇지도 않게 드나들 수 있었을까? 천만의 말씀이다. 파리의 카페에만 익숙한 사람들이 시골 카페를 보았다면 구역질을 일으켰을 것이다. 시골 카페는 고상한 사람이 드나들 곳이 아니었다. 시골 카페의 당구대에서는 부르주아 중에서도 가장 천한 사람들, 목소리만 큰 사고뭉치, 퇴역 군인, 제국의 전쟁에 부상당한 불구자만을 볼 수 있었다.(《휘스트 게임의 카드 뒷면》, 바르베 도르빌리)

동시에 파리의 호화로운 카페는 아무나 드나들 수 있는 곳이 아니었다! 말쑥한 옷차림이 아니면 오노레 드 발자크라도 들어갈 수 없었다. 테이블에 앉는 것은 언감생심이었다! 보들레르는 《소음》에서, 옷차림이 허술하다는 이유로 카페 주인이 손님에게 맥주를 팔지 않는 곳이 있다며 빈정댔다. 발자크처럼 위대한 작가도 검은 옷을 입지 않으면 카페에서 커피를 마실 수가 없었다. 발자크는 커피 없이 글을 쓰지 못한다 했으니 검은 옷을 입지 않으면 발자크도 글을 쓸 수 없다는 이야기였다. 수학 공식 같았다. 이러한 규칙은 1865년까지 엄격하게 적용되었다. 작업복 차림의 손님은 절대 테라스에 앉을 수 없었다. 정장과 모자와 지팡이는 필수품이었다.

고결한 삶을 위한 곳

술을 마실 시간은 얼마든지 있었다. 그러나 커피를 마시러 간다는 것은 세속적 삶에서 가장 커다란 즐거움의 하나가 되었다. 당구 솜씨를 보여주거나, 휘스트 게임이나 트릭트랙 게임을 즐길 수 있는 기회이기도 했다. 연극이나 오페라를 구경하러 외출할 때마다 사람들은 습관처럼 카페에 들렀다. 또한 카페는 산보의 피로감을 푸는 곳이기도 했다. 카페에서 커피만 마시지는 않았다. 식사까지 해결할 수 있었다. 봄이 되면 모두가 이탈리엥 가에 있는 카페 셰토르토니로 서둘러 달려갔다. 시원한 얼음을 맛볼 수 있었기 때문이다.

어쨌든 카페에 모습을 드러내는 것이 중요했다. 인간 관계가 카페에서 시작해서 카페에서 끝났기 때문이다. 결국 카페에 가는 것은 갈증을 풀기 위한 것이 아니라 자신을 드러내기 위한 것이었다. 이 때문에 파리의 간선도로에 마련된 테라스는 밤늦게까지 붐볐다. 파리의 간선도로에는 집만큼 카페가 있었고, 카페보다 사진사가 많았다.(《일뤼스트라시옹》, 1866년 7월 14일)

유행하는 곳에 빠짐없이 모습을 드러내는 것이 출세의 지름길이었다. 이런 곳에서 사람들은 끊임없이 서로 인사를 나누었다. 델보의 표현을 빌면, 파리에서의 삶은 다람쥐 쳇바퀴였다. 매일

파리 중앙시장의 한가운데에 위치한 코숑 아 로레이유는 벽타일을 사용해서 과거의 시장 모습을 재현해 보여준다.

똑같은 울타리 안에서 똑같은 식으로 살아가는 삶이었다. 몽마르트에서 피가로 신문사까지 내려가서, 피가로 신문사에서 카페 드 마드리드로, 카페 드마드리드에서 셰 디노쇼로, 셰 디노쇼에서 라모르로, 라모르에서 카페 데 바리에테로, 다시 카페 데 바리에테에서 셰 바셰트로 다니며, 사람들은 다른 사람들과 교류했다.(《파리의 즐거움》, 알프레드 델보) 카페에서 사람들은 토론의 장을 벌였고 마음껏 웃었으며 시가를 피웠다. 또한 행인과 삯마차가 지나가는 것을 물끄러미 지켜보기도 했다.

졸라의 《주임 사제》에 나오는 카페 리슈는 창문 바로 아래까지 테이블을 밀어놓았다. 샹들리에의 빛이 차도까지 환히 밝혀주었고, 환히 밝혀진 카페의 중앙에 앉아서도 지나가는 사람의 흐릿한 미소와 창백한 얼굴을 뚜렷히 볼 수 있었다.

신문 파는 소년의 날카로운 목소리는 자주 카페에 울려퍼졌다. 최근 소식, 특히 정치 관련 소식에 대해 대화하기 위해서는 일간지를 사봐야만 했다. 옆 테이블의 손님들까지 대화에 끼어들었다. 그러나 대화가 격한 논쟁으로 발전할 염려는 없었다. 각 당파

툴루즈의 카피톨 광장에 있는 르 비방.
이 카페의 화려한 장식에 나폴레옹 3세도 놀랐다고 전해진다.

마다 아지트로 삼고 있는 카페가 따로 있었고 논쟁을 즐기는 선동가도 거의 없었기 때문이다. 저녁이면 아리스티드 브뤼앙Aristide Bruant의 신랄한 풍자시를 듣기 위해서 모두가 로쉬슈아르 가에 있는 카페 샤 누아르로 발걸음을 서둘렀다.

호화로운 카페에 꾸준히 드나들면 얼굴은 금세 알려졌다. 매일 저녁 5시경이면 부아엘디외 가에 어김없이 나타나고 카페 코메디에서 압생트를 마신다. 그리고 그의 말쑥한 몸매와 멋진 콧수염을 자랑이라도 하듯이 광장을 천천히 한 바퀴 산책하다 보면 이 도시에서 곧 유명해졌다. 멋쟁이들은 이런 진리를 잘 알고 있었다.(《침대 29번Le Lit vingt-neuf》, 기 드 모파상)

만유객慢遊客의 휴식처

새로운 고객들이 이 호화로운 카페를 찾아왔다. 이곳 저곳을 한가로이 떠돌아다니며 노니는 만유객들이었다. 그들에게는 특별히 할 일이 없었다. 그저 얽매이지 않는 사람들이었다. 넉넉한 수입을 바탕으로 자유롭게 살아가는 사람들이었다. 그들에게 최대의 적은 권태였다. 따라서 카페에 들락거리는 일이 그들의 주된 일과였다.

귀스타브 플로베르의 《감정교육》의 주인공 레쟁바르도 마찬가지였다. 아침 8시, 그는 몽마르트르 언덕을 내려와 노트르담 데 빅투아르 가로 향했다. 포도주를 마시며 당구 몇 판을 즐긴 후 3시까지 점심식사를 했다. 그리고 압생트를 마시러 파노라마 가의 셰 아르누에서 시간을 보낸 후 그는 자그마한 카페인 보르들레를 찾아가 베르무트를 마셨다. 저녁 식사
는 가이용 가의 조그만 카페에서였다.
집에서 만든 듯한 음식을 차려주고 자
연스런 분위기 때문에 아내와 함께 저
녁시간을 보내는 경우는 거의 없었다.
그는 자정 넘어까지, 아니 카페 주인
이 돌아가 달라고 말할 때 까지 당구
에만 전념했다. 그가 카페를 즐겨찾은
것은 술을 마시기 위한 것이 아니었
다. 그곳에서 밤을 새며 정치를 이야
기하던 옛 습관 때문이었다. 그러나
카페 순례에서도 주인공은 권태를 쉽
게 떨쳐내지 못했다. 결국 럼주, 버찌
술, 퀴라소 그리고 여러 종류의 글뢰
그를 한 잔씩 마시고, 사소한 기사까

카페 샤 누아르의 스테인드글라스.
카르나발레박물관.

지 신문을 처음부터 끝까지 읽는다. 그리고 신문을 샅샅이 읽고,
카페 내에서 자리도 바꾸었다. 카페에서 이들이 유일하게 싫어하
는 존재인 고양이를 피하기 위함이었다.

발자크의 소설에 나오는 여자 낚시꾼 필립은 퐁뇌프를 지나
걸인들에게 적선하고, 퐁데자르를 건너 팔레 루아얄의 카페촌으
로 갔다. 그곳에서 신문을 읽고 두어 잔의 술을 마시면서 정오까
지 시간을 보냈다. 정오가 되면 그는 비비엔 가의 미네르바 카페
로 향했다. 정치적 토론이 자유롭게 벌어지는 그곳에서 그는 퇴역
장교들과 당구를 쳤다. 승패를 거듭하면서 그는 서너 잔의 술을

카페 뒤 시에클의 내부 전경. 벽마다 장식된 벽화가 고급스런 분위기를 자아낸다.

마셨고, 다시 카페를 나와 길거리를 배회하면서 열 개비의 담배를 피웠다고 한다. 이렇게 육체와 정신이 병들어갔다.

타락한 삶

"카페에만 가지 않는다면 어떤 짓이라도 괜찮다!" 당시 부르주아의 좌우·명과도 같은 것이었다. 물론 사교클럽에는 언제라도 드나들 수 있었다. 그러나 동네 술집이나 시골 술집의 문턱은 절대 넘지 말아야 했다.

스탕달의 소설 속 주인공 귀족 청년 뤼시엥 뢰방은 낭시에 머물고 있었다. 그는 지루함을 견디다 못해 카페로 향했다. 문 앞에 선 그에게 카페는 강렬한 유혹의 손길을 뻗쳤지만 그는 그 유혹을 이겨냈다. 시골의 카페는 그의 신분에는 걸맞지 않는 곳, 올바른 교육을 받은 사람이 드나들어서는 안되는 곳이었기 때문이다. 그래서 카페들 앞을 그냥 스쳐지나갔지만, 안에서 흘러나오는 웃음소리에 그는 생전 처음으로 시샘을 느꼈다.

저주받은 삶이 지배하는 카페는 모든 악의 뿌리였다. 알코올이 부르주아 사회를 짓누르고 있었기 때문이다. 술은 아무리 정제해도 술일 뿐이었다. 그들이 주로 마신 압생트는 알코올 도수가 지나치게 높은 독주였다. 건강에 영향이 없을 수 없었다. 결핵, 신경계통의 마비, 간경화 등…. 지배계급이 핵심이 이렇게 타락되어가자 정부도 걱정하지 않을 수 없었다. 어떤 대가를 치르더라도 이런 타락을 막아야만 했다. 술에 병들어가는 서민들을 구해내야만 했다. 은밀하게 숨어서 술을 마시던 부르주아에게도 소홀할 수 없었다.

발자크 소설 속 필립의 삶도 비참해졌다. 방탕한 생활과 습관성 음주에 과거의 아름다운 용모가 흉하게 변해갔다. 얼굴이 붓고 핏줄까지 선명하게 드러났다. 눈은 언제나 충혈되었고 속눈썹까지 빠졌다. 게다가 씻는 것까지 게을리하게 되면서 필립의 몸에서는 쾌쾌한 술냄새가 떠나지 않았다. 영락없는 부랑자의 모습이었다.(《여자 낚시꾼》, 오노레 드 발자크) 금주운동이 활발하게 벌어진 때도 이즈음이다.

땅거미가 내리면 창부들이 카페 주변을 어슬렁대기 시작되었다. 카페만은 불야성이었다. 그 주변은 언제나 대낮처럼 밝았다. 드루오 가에서 엘데르 가까지 검은 집들과 흰 집들이 길게 이어져 있었다. 그런데 이상했다. 산책객들이 언뜻 나타나서는 순식간에 사라졌다. 긴치마를 입고 어둠 속에 숨어있던 여자들이 창백한 인형처럼, 아니 유령처럼 빛의 세계를 가로질렀다. 카페를 전전하는 여자들도 있었다. 테이블을 돌아다니면서 접시에 남겨진 설탕을 빨아먹으며 남자들과 웃음꽃을 피웠다. 그리고 밤이 깊어지면 술에 취한 손님들에게 유혹의 미소를 보냈다.(《주임사제》, 에밀 졸라)

그러나 카페의 주인들은 평판을 훼손시킬 이런 여자들을 달갑게 생각지 않았다. 따라서 친구를 기다린다며 혼자서 테이블을 차지하고 앉아있는 여자들, 즉 '몸을 파는 여자들'에게 테라스의 출입을 금지시킨 카페도 있었다. 결국 그녀들은 어두컴컴한 카페로 몰려가는 수밖에 없었다. 그런 카페에는 육욕의 유혹을 흔쾌히 받아들이는 두둑한 지갑을 가진 남자들이 있었기 때문이다.

공쿠르 형제의 《마네트 살로몽》에는 사교와 인간 관계를 펑계로 신분을 망각한 채 술에만 취해 사는 사람들을 경계하는 논조의 내용이 실려있다. 그들은 화려한 카페 분위기에 취해 부자가 된 듯한 착각에 빠져있었다.

파리의 명사들도 간혹 싸구려 카페를 드나들며 천한 사람들과 어울렸다. 다만 소문이 두려웠기 때문에 은밀히 드나들어야 했다. 파산한 로쉬슈아르 가의 옛 카페 자리에 카비네 데 오뢰르라는 이름의 카페가 생겼다. 좁고 구불대는 방은 천장이 낮아 연기로 가득해 후덥지근했다. 장식이라 할 것도 없었다. 강렬한 색으로 노골적이고 외설적으로 그린 포스터들이 벽에 붙어 있을 뿐이었다. 한 구석에 놓인 피아노 앞으로 좁은 통로가 있었지만 커튼으로 가려져 있었다. 긴 의자뿐이었다. 방석도 깔려있지 않았다. 긴 의자 앞에 일렬로 늘어선 싸구려 테이블에는 술꾼이 남겨둔 술잔이 뒹굴고 있었다. 화려한 장식도 없었고 예술품이라 할 것도 없었다. 깨끗하지도 않았다. 인간의 숨결과 파이프 담배 연기로 흐릿해진 공간을 호롱불이 힘겹게 밝혀주는 덕분에 땀에 번질대는 다른 손님들의 불그스레한 얼굴을 어렴풋이 볼 수 있었다. 그러나 이곳에 배인 퀴퀴한 냄새가 취기를 더해주면서 사람들은 노래가 끝날 때마다 괴성을 질러댔다. 무대를 만들어 두세 명의 무희와 가수를 불러와 외설스런 노래를 부르게 하면 충분했다. 실제로 이런 실험은 사흘 만에 엄청난 성공을 거두었다. 천박함에 끌린 파리 사람들이 이 술집으로 몰려들었다. 그후 거의 십년 동안 파리의 작은 부자들은 매일 도미노 게임이나 하면서 소일하며 지냈다.(《파리》, 에밀 졸라)

예술가들과 카페 데 자르

카페는 예술가들의 보금자리였다.
그들은 카페에서 마음껏 술과 커피를 즐기며,
토론을 하고 작품을 만들었으며 전시회와 낭독회를 통해 자신들의 존재를
인식시켰다. 그러나 독한 술 압생트도 예술가들이 고독을 이기게하지는 못했다.

사교계의 카페는 선택받은 사람들만이 드나들 수 있었다. 모네와 시슬리도 화려한 카페 리슈를 동경했지만, 화려함을 즐길 수 있게 된 것은 그들의 걸작을 판 후였다. 요컨대 문인과 예술가가 드나 든 카페는 이런 카페와 달랐다.

인기있는 예술가나 가난한 예술가나 부지런히 카페를 드나들 었다. 시인, 소설가, 화가, 조각가 모두가 카페의 단골손님이었다. 그들은 카페에서 무엇을 원했던 것일까? 편안한 휴식이었을까 아 니면 부산스런 열기였을까? 예술적 열정과 미래의 희망을 카페에 서 보았던 것일까? 꿈과 영감을 찾았을까? 아니면 장래의 고객인 민중을 찾았던 것일까?

예술가는 어떤 계급에도 속하지 않았다. 자유정신에 불타는 사람들, '예술을 위한 예술'이라는 단 하나의 원칙에 따라 살아가는 사람들이었다. 예술적 영감과 아름다움이 있는 한 물질적 어려움은 중요하지 않았다. 그들은 시를 썼고 색을 탐구했다. 명성과 영광을 꿈꾸었다. 그러나 그들의 생각을 이해해주는 사람은 거의 없었다. 그들은 역동적인 삶을 갈구했고, 술에 취하는 것이 유일한 신조였다. 그들은 모두에게 "취하라!"고 소리쳤다. 어깨를 짓누르고 무릎을 꺾어버리는 시간의 무게를 잊지 위해서라도 언제나 취해야만 했다.

궁전의 계단에서, 웅덩이에 돋은 푸른 풀에서, 을씨년스런 당신 방에서, 취기가 줄어들거나 사라진 채 깨어난다면 바람에게, 파도에게, 별에게, 새에게, 벽시계에게, 덧없이 사라지는 모든 것에게, 말을 하는 모든 것에게, 지금 몇 시냐고 물어보아라. 그럼 바람, 파도, 별, 새, 벽시계가

어느 카페의 테이블에 앉아 있는
프랑스 시인 폴 베를렌.

당신에게 이렇게 대답해줄 것이다. "취할 시간입니다! 시간의 노예가 되지 않기 위해서라도 언제나 취해 있어야 합니다. 포도주, 시, 덕행, 그 무엇에라도 취하십시요!"(《인공 낙원》, 샤를 보들레르)

카페는 자유를 꿈꾸는 예술가들의 보금자리였다. 베를렌과 볼테르는 플뢰뤼스에서 시간을 보냈고, 랭보는 카페를 전전하며 압생트를 마셨다.

예술가의 안식처

문을 열고 닫는 시간이 정해져 있지 않았다. 어떤 구속도 없었다. 그곳은 법이 없는 세계였다. 낮이나 밤이나 어느 때고 드나들 수 있었다. 자유를 꿈꾸는 예술가들에게 다른 변명은 필요없었다. 그들이 테이블에 앉으면 웨이터가 서둘러 달려와 주문을 받았다. 술잔이 끝없이 채워지고, 아름다운 언어들이 꽃을 피웠다. 그리고 카페는 그들의 집이 되었다. 뻔뻔스럽기 그지 없는 사람들이었다. 그들은 신문을 살 필요도 없었다. 카페 주인이 그들을 위해 따로 챙겨주었기 때문이다. 그것만으로도 상당한 절약이었다. 앙리 뮈르제는 《보헤미안의 생활》에서 카페라는 그 조그만 세계를 이렇게 묘사했다.

> 로돌프 씨는 아침 식사부터 카페에서 해결했다. 그리고 모든 신문을 그의 자리로 가져갔다. 만화가 찢어져 있으면 화를 벌컥 내면서 찾아내라고 소리치기도 했다. 다른 단골손님들은 목소리를 낼 수 없었다. 정치 문제에 문외한인 것처럼 입을 다물고 저녁까지 우두커니 앉아있을 수밖에 없었다.

어떻게 이런 일이 가능할 수 있었을까? 그것만이 아니었다. 로돌프 씨는 카페 주인에게 《카스토르》를 구독하라고 강요하기도 했다. 그 신문의 편집장이었기 때문에 당연한 요구처럼 보였다. 주인은 처음에 거절했지만, 결국 굴복하지 않을 수 없었다. 다른 손님들이 눈총을 주어도 상관없었다. 그 카페는 그들의 것이었다! 조그만 대리석 테이블은 그들에게 책상이었고, 테라스나 실내 홀은 그들의 작업장이었다.

로돌프의 친구였던 어떤 화가는 카페가 공공장소라는 것을 잊은 듯 이젤과 팔레트 등 그림을 그리는데 필요한 모든 도구를 갖고 왔다. 게다가 남녀 모델까지 불러들여 카페를 소란스럽게 만들기도 했다. 약간의 광기가 더해진 즐거움이 있는 카페였다.

로돌프 씨와 그 일행은 어떤 장애물 앞에서도 물러서지 않았다. 그들의 야유와 희롱에 다른 손님들은 인상을 찌푸릴 수밖에 없었다. 지나가던 행인이 그들의 소굴에 들어가면, 카페에 발을 들여놓기 무섭게, 끔찍한 사중창의 희생양이 되어 목조차 축이지 못하고 달아나야 했다. 그들의 수중에는 한 푼도 없었지만 그들은 결코 자존심을 꺾지 않았다. 그들은 가격에 구애받지 않고 비싼 것이

이제르 주 망스에 있는 카페 데 자르는
장 지오노가 즐겨 찾은 카페였다.

라도 떳떳하게 주문했다. 나중에 웨이터와 타협을 보면 그만이었다. 욕심을 버리자! 삶을 축제처럼! 웨이터가 술잔을 테이블에 내려놓기 무섭게 그들은 새로운 주문을 쏟아냈다. 웨이터는 테이블을 훔치다 말고 서둘러 카운터로 달려갔다. 그동안에도 그들은 웃음꽃을 피웠다. 대화가 오가고 술잔이 부딪쳤다. 이들이 주문한 펀치에 아가씨들은 황홀경에 빠진 것처럼 넋을 잃은 표정이었다. 책에서 읽은 멋진 말들을 구수하게 풀어내면서 여자들을 유혹하는 남자도 있었다.

그들의 주량은 끝이 없었다. 가벼운 건배가 주연酒筵으로 바뀌었다. 새 주문을 받으러 주인까지 달려왔다. 그들은 거리낌이 없었다. 그들에게 돈이 한 푼도 없으리라 의심하는 주인은 없었다. 그러나 그들이 빈털터리라는 사실은 곧 밝혀지고 말았다. 주인은 분을 참지 못하고 그들에게 욕설을 퍼부었다. 말다툼이 주먹다툼으로 발전할 찰나였다. 그때 예술을 사랑한 까닭에 그들을 예전부터 만나고 싶어하던 예술 애호가가 그들을 대신해 술값을 치루어 주었다. 사건은 이렇게 기분좋게 마무리되곤 했다.

예술가와 카페

이런 장면은 파리의 프레트르 생제르맹 로세루아 가에 있던 유명한 카페 모무스에서 흔히 볼 수 있었다. 이 카페는 저렴한 가격 때문에 예술가들이 즐겨 찾는 곳이었다. 모무스는 로마 신화에서 밤의 아들로, 신들을 위한 어릿광대였다. 따라서 카페의 이름도 무척이나 시사적이었다.

예술가들은 어떤 카페에서도 거리낌이 없었다. 수중에 약간의 돈이 있으면 호화판 카페에도 서슴없이 드나들었다. 그러나 특히 기존의 틀에서 벗어난 카페를 좋아했다. 신문을 읽고 당구를 치거나 카드 게임을 즐기는 것이 전부인 프로코프는 인기가 없었다. 떠들썩하게 웃었다가는 웨이터에게 조용히 해달라는 말을 듣기까지 했다. 대신 그들은 사귀에 부인이 운영하는 '카바레'를 찾았다. 현란한 말솜씨를 가진 다른 손님들의 대화는 처음에는 정신나간 헛소리처럼 들리겠지만, 곰곰이 듣고 있으면 순간적으로 튀어나오는 대담하면서도 심오한 생각이나 예술에 대한 천재적인 발상이 느껴졌기 때문이었다. 서로의 꿈과 생각을 주고 받으면 새로운 빛이 느껴졌다.(《마담 사귀에의 카바레》 중 '보헤미안', 제라르 드 네르발)

보들레르는 카페 랑블랭의 단골손님이었다. 친구이던 이폴리트 바부Hyppolyte Babou가 보들레르에게 새로운 시집의 제목을 《악의 꽃》으로 하라고 조언해준 곳도 바로 이 카페였다고 전해진다. 보들레르가 〈성 베드로의 거짓 부인〉을 낭송한 곳은 디방 펠르티에였고, 역시 이 카페의 단골손님이던 화가 슈나바르는 보들레르의 광적인 팬이었다.

나다르는 카페 드 뢰롭에서 권태를 달랬다. 폴란드의 비극에 분노하면서 나다르가 그 카페에 들어서던 모습은 많은 사람들의 기억에 새겨졌다. 테오도르 드 방빌Theodore de Banville은 나다르가 친구인 포셰리와 함께 카페 문을 열고 들어가는 모습을 분명히 기억하고 있었다. 그때 두 사람은 붉은 창기병 모자를 쓰고, 그들의 이름 나다르스키와 파우셰리스키가 적힌 여권을 힘차게 흔들

후지타가 1958년에 그린 비스트로의 전경. 파리현대미술관.

칼바도스 주 옹플뢰르에 있는 카페 데 자르.

어 보였다.

　제라르 드 네르발이 대표적인데 온갖 가난이 교차되는 진정한 빈민굴인 뒷골목 술집에서 시간를 보낸 작가도 적지 않았다. 그들은 그런 곳에서만 인간의 진실된 면을 발견할 수 있다고 주장했다.

　19세기 후반, 예술계는 그들만의 구역을 갖고 있었다. 카페도 그 중의 하나였다. 그들은 몽마르트르를 주된 무대로 삼았다. 인상주의자들은 바티뇰 가에 있는 카페 게르부아에서 모였다. 졸라는 그의 소설 《총서》에서 카페 게르부아를 '카페 보드켕'이란 이름으로 재탄생시켰다.

카페 보드켕은 다르세 가와 만나는 바티뇰 가에 있었다. 그 이유까지야 알 수 없지만, 가니에르만이 이 구역에 살고 있었음에도 그들은 이 카페를 모임의 장소로 삼았다. 그들은 일요일 저녁이 어김없이 이 카페에서 모임을 가졌다. 시간의 여유가 있는 사람들은 목요일 다섯 시 경에도 이 카페에 잠시 얼굴을 내밀었다. 그 날은 아주 화창한 날이었다. 카페 밖에 테이블이 놓여지고 천막까지 드리워졌다. 두 열로 가지런히 놓인 테이블마다 손님들이 들어차 있어 지나다니기가 힘들 정도였다. 그들은 이런 공공장소에서 사람들과 어깨를 맞대는 것이 싫었다. 결국 그들은 썰렁한 실내로 들어갔다.
　… 다섯 시였다. 그들은 맥주를 다시 주문했다. 옆 테이블을 차지하고 있던 지역 단골손님들은 그 예술가들을 곁눈으로 힐끔 보았다. 경멸과 야릇한 경외감이 뒤섞인 눈빛이었다. 상당히 유명했고 전설같은 이야기까지 만들어지고 있는 화가들이었지만 그들의 대화는 별게 아니었다. 후덥지근한 날씨, 오데옹에서는 합승마차를 얻어타기 힘들다는 이야기, 부드러운 고기를 파는 식당에서 포도주 상인을 만났다는 이야기 등 평범한 대화에 불과했다. 그때 한 사람이 얼마 전 뤽상부르 미술관에 전시된 그림들에 대해 독설을 퍼붓기 시작했다. 모두가 같은 생각이라는 듯이 고개를 끄덕였다. '액자보다 가치없는 그림들이라고!' 그리고 모두가 입을 다물었다. 줄담배를 피워대며 간혹 누군가 한 마디를 던지면 모두가 낄낄대고 웃었다.

안느 루즈, 미를리통, 라팽 아질, 라 모르 그리고 카페 드 피갈도 몽마르트르의 전성시대를 주도한 카페들이었다. 마네, 드가,

르누아르는 라 모르의 맞은 편에 있는 매력적인 카페 라 누벨 아텐을 더 좋아했다. 이 카페에서 영감을 받아 드가는 판화가 마르슬랭 데부탱Marcellin Desboutin과 여배우 엘렌 앙드레Ellen Andrée가 나란히 앉아 있는 걸작 〈압생트〉를 그렸다.

화가들은 풍경화를 그리고 싶을 때 가까운 시골로 나갔다. 그때 그들은 바르비종의 술집에서 혹은 외르 주의 지베르니에 있는 오베르쥬 보드리에서 목을 축였다. 퐁타벤(피니스테르 주), 옹플뢰르(칼바도스 주), 액상프로방스(부슈뒤론 주)의 카페들에도 그들이 지나간 흔적이 남아있다.

그후 몽파르나스에 결코 그냥 지나칠 수 없는 세 곳의 카페가 생겼다. 라 클로즈리 데 릴라, 라 로톤드, 르 돔이었다. 라 로톤드의 주인 리비옹은 가난한 예술가들을 따뜻하게 맞아주었다. 그들이 카운터 위의 크루아상을 몰래 훔쳐 먹어도 모른 척 해주었다. 피카소, 모딜리아니, 수틴, 후지타, 밀레 그리고 헤밍웨이가 이 카

페들의 단골손님이었다. 1차 세계대전 후에는 파리 중앙부의 생제르맹데프레가 각광을 받았다. 카페 드 플로르Café de Flore는 샤를 모라스Charles Maurras와 기욤 아폴리네르Guillaume Apollinaire 덕분에 유명해졌고, 나중에 장 폴 사르트르와

에드가 드가가 1875~6년에 그린 〈카페에서〉.
〈압생트〉라 불리기도 한다. 파리 오르세미술관.

시몬 드 보부아르의 '서재'가 되었다. 이 둘은 카페에서 그들의
철학을 정교하게 다듬었다. 레 되 마고도 이웃한 브라스리 리프와
더불어 호경기를 누렸고, 자크 프레베르는 야곱 가에 있는 바르
베르에서 크림을 없은 커피를 즐겨마셨다.

영감을 주는 곳, 그리고 작업실
예술가들이 카페를 자주 찾은 것은 무엇보다 다채로운 삶을 관찰
힐 수 있었기 때문이다. 생전 처음 보는 얼굴, 그러나 누구에게나
일어날 수 있는 일상적인 장면…. 그 모든 것이 연구대상이고 호
기심을 자극하며 새로운 시각을 갖게 해주었다. 그들은 군중과 하
나가 되어 세상을 몸으로 체험할 필요가 있었다. 카페가 아니면

부슈뒤론 주 아를에 있는 카페 반 고흐.
이곳은 반 고흐의 걸작 〈밤의 카페 테라스〉의 모델이다.

툴루즈 로트레크가 1887년 그린 반 고흐의 초상화.

이런 요구를 충족시켜줄 곳이 없었다. 카페에는 살아 있는 대화와 역동적인 삶이 있었다. 예술가들은 카페에서 새로운 영감의 숨결을 느낄 수 있었다. 시인과 화가가 이런 카페를 어찌 무시할 수 있었겠는가!

오노레 도미에는 카페에
드나드는 손님을 스케치하곤 했다.

빈센트 반 고흐는 이런 예술가의 전형이었다. 이 카페 저 카페를 전전하며 녹수리같은 눈빛으로 관찰하며 감수성을 키워갔다. 반 고흐는 동생에게 "오늘은 내가 묵고 있는 카페의 내부를 그려볼 생각이다. 불이 밝혀진 저녁의 모습을. 제목은 〈밤의 카페〉가 적당하겠지. 밤새 문을 열어두는 이 카페에 많은 사람들이 드나들고 있다. 밤을 배회하는 사람들은 밤이슬을 피할 돈이 없을 때, 너무나 취해 다른 곳에서 문전박대를 받을 때 이곳에서 안식처를 찾는다"라는 편지를 보냈다.

예술가들은 카페를 작업실로 삼았다. 필요성 때문이기도 했지만 성향 때문이기도 했다. 그들에게는 방랑벽이 있었고 숙소는 너무 비좁았다. 또한 역동적인 삶이 살아 숨쉬는 카페는 영감의 원천이기도 했다. 네르발에게도 카페는 작업실이었다. 아직 정돈되지 않아 테이블 위에 의자가 올려진 카페에서 그는 웨이터에게 잉크를 부탁하고 의자에 앉아 고양이를 품에 앉고 명상에 잠기곤 했다.(《10월의 밤》, 제라르 드 네르발)

베를렌과 랭보는 카페의 주문용 종이에 주옥같은 시를 남겼고, 도미에는 카페 손님들의 특징을 스케치했으며, 고갱은 색의 생동감을 포착했다. 클리쉬 가에 있던 카페, 탕부랭Tambourin에서 툴루즈 로트레크는 반 고흐의 초상화를 그렸다. 그후 프랑스를 여행한 헤밍웨이도 카페의 작은 원탁 앞에 앉아 그의 수첩들을 깨알 같은 글로 채우며 시간을 보냈다.

헤밍웨이는 《노인과 바다》의 일부를 카페 뒤 코메르스에서 썼을 것이다. 초현실주의자들도 카페에서 자동기술법을 연마했다.

> 즐거움이 있는 카페였다. 깔끔하고 따뜻하며 인간미가 살아있는 카페였다.
> 나는 낡은 비옷을 걸쳐두고 물기를 말렸다. 색바랜 펠트모자는 긴 의자의
> 모자걸이에 걸었다. 그리고 밀크커피를 주문했다. 주머니에서 수첩과
> 연필을 꺼냈다. 그리고 글을 쓰기 시작했다.
> ─《파리는 축제다》, 어네스트 헤밍웨이

꿈, 환상 그리고 절망

예술의 세계는 가시밭길이었다. 예술가는 거의가 돈에 쪼들렸다. 어떻게 해야 유명해질 수 있을까? 어떻게 대중을 감동시킬 수 있을까? 어떻게 작품을 널리 알릴 수 있을까? 바로 카페였다! 카페가 그들의 구원자였다. 음악가들은 카페의 테라스에서 연주하며 청중을 끌어모았다. 이런 혹독한 시련이 있은 뒤에야 명성을 얻을 수 있었다.

에스파냐 출신의 한 기타리스트가 있었다. 오랫동안 파가니니와 연주여행을 다녔던 사람이었다. 물론 파가니니가 명성을 얻기

전의 일이었다. 그들은 보헤미안처럼, 유랑극단의 악사처럼, 가족도 없고 조국도 없는 사람처럼 떠돌아 다녔다. 바이올린과 기타를 둘러멘 두 사람은 발길 닿는 대로 걸으며 연주회를 가졌다. 그들은 수많은 나라를 그렇게 떠돌아 다녔다. 조금이라도 환영받는 마을에서는 연주도 달라졌다. 한 사람이 직접 작곡한 곡을 연주하면, 다른 사람은 즉흥적으로 화음과 반주를 넣었다. 방랑시인과도 같았던 그들의 삶에는 즐거움과 시가 있었다. 그러나 그들은 알 수 없는 이유로 헤어졌다. 그후 에스파냐 출신의 기타리스트는 홀로 여행을 디녔다. 어느날 저녁 그는 쥐라의 조그만 마을에 도착했다. 시청 홀에서 연주회를 갖기로 했다. 기타 독주회였다. 그는 카페들을 돌아다니며 그의 재능을 미리 선보였다. 그 마을의 음악가들은

왼쪽| 이제르 주 망스에 있는 카페 데 자르. 시골 풍경을 그린 벽화가 아름답다.
오른쪽| 파리 자크 칼로 가에 있는 카페 라 팔레트는 유명 화가들이 모임을 가졌던 곳이다.

그의 뛰어난 재능에 감동을 금치 못했다. 그런데 어느날 갑자기 그가 사라졌다. 모두가 그를 찾아나섰다. 마을의 술집들을 샅샅이 뒤지기 시작했다. 모든 카페를 뒤졌다. 마침내 한 친구가 함께 있는 그를 찾아냈다. 말로 표현하기 힘들 정도로 허름한 술집에서! 그는 만취해있었다.(《인공 낙원》, 샤를 보들레르)

뛰어난 재능에도 불구하고 공식적인 살롱전에서 번번이 낙선한 많은 화가들이 카페의 벽에 그들의 작품을 내걸었다. 낙선전*을 개최하기까지 했던 인상주의자들도 종종 카페에도 그들의 작품을 전시했다. 파리의 프티카로 가에 있던 카페 리베르는 공식적으로 전시회를 개최한 최초의 카페였다. 가난에 시달리던 반 고흐는 동생에게 "언젠가 카페에서 나만을 위한 전시회를 가져볼 생각이다"라는 편지로 그의 간절한 소망을 알렸다.

소설가와 시인도 카페에서 그들의 작품을 큰 소리로 낭독했다. 출판업자의 귀를 솔깃하게 해주기를 바라며!

카페는 그들에게 만남의 장소이기도 했다. 숙소는 친구들과 모임을 갖기에 너무 비좁았다. 그러나 카페는 한 잔의 술로 원대한 꿈을 키우기에 충분했다. 예술가들은 카페에서 만나 희망을 되살리고 열정을 키웠다. 그들은 강철처럼 강인했다. 장래에 창작될 작품은 걸작이 될 것이 틀림없었다. 그들의 작품은 미래를 보여주는 계시가 되었다. 언젠가 출판업자도 새로운 소설에 달려들리란 희망을 버리지 않았다. 예술가들은 야심찬 이론을 실험했고 멋지게 증명해보였

* 1863년, 당시 주류였던 아카데미 파의 공식전 '살롱Salon'에 입선하지 못한 데에 불만을 품은 마네 등의 화가가 정부에 진정, 낙선된 작품을 중심으로 열린 전시. 당시 새롭게 대두되던 인상주의 화풍의 작품이 많이 출품되었고, 결국 근대회화의 시작을 알리는 분기점이 된다.

이제르 주 망스에 있는 카페 데 자르에서는 옛날에 인기를 끌었던
술 광고판과 테이블, 의자는 아직도 사용되고 있다.

다. 그들의 눈빛은 남달랐다. 《젊은 영국인의 회고록》에서 조지
무어는 카페 게르부아에서 보낸 시간을 이렇게 회고했다.

> 나는 그곳에서 보낸 한순간 한순간을 뚜렷이 기억한다. 아침이면 버터에
> 구운 달걀 냄새, 매캐한 담배 냄새, 그리고 커피와 독한 코냑 냄새.
> 오후 다섯 시에는 압생트 냄새가 카페를 가득 채운다. 다섯 시가 약간
> 지나면 화덕에 올려진 수프 냄비에서 김이 피어오른다. 저녁이 깊어가면서
> 냄새도 달라진다. 담배와 커피와 맥주 냄새가 뒤섞인다. 모자 위로
> 피어오른 담배 연기가 우리만의 공간을 만들어준다. 우리는 대리석
> 테이블에 둘러앉아 새벽 두 시까지 미학을 논한다.

클로드 모네도 1900년 11월 27일 《르 탕》에 카페 게르부아가 그에게 자극을 준다는 내용의 글을 기고했다. 카페 게르부아는 그를 따르던 젊은 화가들, 그러나 사회에 냉대받던 젊은 화가들이 희망의 불씨를 되살리는 곳이었다. 총기로 번뜩이는 젊은 화가들과의 대화는 언제나 흥미로왔다. 잠시도 방심할 수는 없었다. 세상은 무시하고 있지만 진정으로 중요한 주제를 찾아 논쟁이 벌어지는 곳이었다. 열정이 숨 쉬는 곳이었다. 그곳에서 몇 주일을 보낸다면 누구라도 자신의 생각을 뚜렷하게 정리할 수 있었다. 화가들은 자신의 생각에 점점 확신을 갖게 되면서 굳은 의지로 하루가 다르게 강해졌다. 그들은 거의 매일 카페에서 만나 열띤 토론을 벌이며 하나의 화파를 만들어갔다.

뤽상부르 공원 끝 플뢰뤼스 가에 있던 카페 드 플뢰리스는 아샤르, 나종, 쉬트쟁베르제, 랑베르 등과 같은 풍경화가들, 그리고 툴무쉬, 아몽, 제롬처럼 역사화와 풍속화를 그린 화가들이 모임을 가지며 예술단체를 결성한 곳이었다. 그 카페에는 단골로 드나들던 화가들의 그림이 걸려있고 승리의 여신을 우의적으로 표현한 조각으로 꾸며진 구석방에서 금요일마다 '위대한 사람들의 저녁 식사'가 있었다. 매일 저녁 그들은 습관처럼 그 카페에 모였다.

이블린 주 벤느쿠르에 있는 오 랑데부 데 페세르도 예술가들에게는 소중한 곳이었다.

화가들 덕분에 그 카페는 즐거움과 영혼이 있는 곳이 되었다. 재능이 넘치는 그들의 모임에서는 끈끈한 동료애가 느껴졌다.(《마네트 살로몽》, 공쿠르 형제)

그러나 예술가들은 그들의 환상을 카페에 묻어버리기도 했다. 거듭되는 실패와 사회적 냉대는 그들에게 좌절을 안겨주었다. 그들이 찾은 새로운 탈출구는 술이었다. 동시에 정신이 병들어갔다. 그들은 높은 예술세계를 추구한다고 주장했지만 망상에 지나지 않았다.

카페의 모습은 변함없었다. 일요일이면 어김없이 사람들은 카페에 모였다. 그러나 산도스가 처음 왔을 때와 같은 끓어오르는 열정은 식고, 밀물처럼 밀려드는 새로운 이들과 휩쓸리며 진부한 삶의 습관에 젖어드는 사람들이 늘어났다. 게다가 그 시간에 카페는 텅 비어있었다. 그때 젊은 화가 셋이 클로드에게 다가왔다. 클로드는 잘 모르는 청년들이었다. 그들은 클로드에게 악수를 청했다. 카페 안에 손님이라고는 그들 외에 컵받침에 얼굴을 처박고 잠들어 있는 연금생활자밖에 없었다.

가니에르는 기지개를 켜며 하품을 해대는 웨이터에게는 눈길조차 주지 않고 집에서처럼 편하게 앉아 클로드를 물끄러미 바라보았다. 클로드가 가니에르에게 먼저 물었다. '그런데 오늘 저녁에 자네가 마우도에게 뭐라고 말했지? 그래, 깃발의 붉은색이 푸른 하늘에서는 노란색으로 변한다고 했었지. 그렇지? 보색이론을 공부하고 있나 보구면.' 그리고는 가니에르는 대답하지 않았다. 맥주컵을 들었다가 입에 대지 않은 채 다시 내려놓았다. 그러나 야릇한 미소를 띠면서 속삭이듯 말했다. '하이든의 음악에는 수사적 아름다움이 있네. 분으로 단장한 늙은 할머니의

가냘픈 목소리로 빚어낸 음악인 듯하니까…. 모차르트는 선구자적 천재야.

오케스트라를 구성하는 악기들의 고유한 음을 살려낸 최초의 음악가지.

그들은 위대한 음악가야. 베토벤을 가능하게 해주었기에 더욱 위대하지.

아! 베토벤, 그는 고요한 고뇌 속에서 힘을 빚어냈어.

메디치 가의 영묘靈廟를 예술로 승화한 미켈란젤로처럼! 영웅적인

음률을 논리적으로 창작해낸 음악가와 인간의 형상을 빚어낸 조각가,

그들은 과거의 조화를 깨뜨렸어. 그래서 오늘날 영웅이 된 거야!'

　기다리다 지친 웨이터는 느릿한 발걸음으로 카페를 돌아다니며 호롱불을

하나씩 끄기 시작했다. 그렇잖아도 삭막하던 카페가 더욱 음울해 보였다.

침과 담배꽁초로 더럽혀진 바닥, 엎질러진 술로 얼룩진 테이블의 고약한 냄새,

그리고 죽은 듯 고요한 길에서 들려오는 취객의 고함 소리.

－《총서》, 에밀 졸라

　예술가들은 점점 확신을 잃어갔다. 번뜩이는 천재적 발상이
사라지고 자긍심도 없어졌다. 대신 절망감이 그들을 짓누르기 시
작했다. 의지력마저 잃었다. 화가들은 붓을 놓았고 작가들은 하얀
종이를 검은 글씨로 채우지 못했다. 그러나 고미다락의 벽은 사정
없이 그들을 압박해왔다. 그들은 다시 카페로 향했다. 카페에 앉
아 압생트를 마시며 저녁 시간이 되기를 기다렸다. 과음을 하고
세상과 자기를 저주했다.

　친구들과 즐거운 모임도 절망감을 이겨내는데 도움이 되지 않
았다. 고독이 일상적 고통이 되었다. 독한 압생트만이 유일한 친
구였다. 일부는 망상을 떨쳐내고 과거의 행복한 시간을 찾아 카페
로 돌아갔지만 대부분은 끝까지 망상에서 헤어나지 못하고 서서

히 파멸되어갔다.

그들은 유럽 구역을 따라 올라갔다. 바티뇰 가의 카페 보드캥 앞을 지났다. 벌써 주인이 세 번이나 바뀌었다. 옛 모습이 아니었다. 색을 다시 칠하고 당구대의 위치도 달라졌다. 긴 의자들이 연이어 놓여있었던 옛날의 모습은 어디에서도 찾아볼 수 없었다. 그러나 호기심으로, 그리고 얼마 전까지 그들에게 깊은 감동을 주었던 과거를 향한 향수 때문에 그들은 길을 건넜다. 그 카페를 눈 앞에서 보고 싶었다. 다행히 문이 활짝 열려 있었다. 옛날에 그들이 앉았던 테이블로 눈을 돌렸다. 위쪽 구석 자리였다. 산도스가 깜짝 놀란 표정으로 소리쳤다.

'저길 봐!'

'가니에르!'

클로드는 믿기지 않는다는 듯한 표정이었다.

그러나 가니에르가 틀림없었다. 그는 텅 빈 카페에서, 구석자리의 테이블에 혼자 앉아 있었다. 그랬다! 그는 일요일이면 연주를 위해 믈룅에서 파리를 찾았다. 그리고 과거의 습관처럼 카페 보드캥에서 술을 마시며 시간을 보냈다. 옛 친구들은 한 사람도 이곳에 얼씬대지 않았다. 그러나 지나간 세대의 증인인 그는 혼자였지만 고집스레 이곳을 지켰다. 아직 맥주는 입에도 대지 않은 모습이었다. 그는 맥주잔을 물끄러미 바라보고 있었다. 깊은 상념에 잠긴 모습이었다. 웨이터들이 테이블 위로 의자를 올려놓기 시작했다. 그러나 그는 꼼짝도 하지 않았다.

–《총서》, 에밀 졸라

때때로 절망감은 광기로 변했고 비극으로 발전되었다. 1888년, 고갱과 반 고흐가 아를에서 함께 작업하고 있을 무렵, 반 고흐의 발작이 시작되었다. 카페에서 고갱과 함께 희석시킨 압생트를 마시던 반 고흐가 고갱의 얼굴에 술잔을 던졌다. 그러나 고갱은 피했고 만취한 반 고흐를 집으로 데려다가 눕혔다. 고흐는 금세 잠이 들어, 다음날 아침까지 깨어나지 못했다.(《압생트, 예술가들의 뮤즈》, 마리 클로드 들라에 · 브누아 노엘)

폴 고갱이 1888년에 그린 〈아를의 카페에서〉.

누구에게나 나름대로 좋아하는 비스트로가 있다! 20세기 벽두에 루브시엔에서 문을 연 카페 드 라 포레만큼 이 원칙을 훌륭하게 설명해줄 카페가 있을까? 이 카페는 실제로 두 공간으로 나뉘어져 있었다. 한쪽은 수도 회사의 직원과 노동자들이 드나든 소박한 분위기의 술집이었다. 다른 쪽은 훨씬 고상하게 꾸며져서 부르주아만이 드나들 수 있는 곳이었다. 마을의 다른 카페에서는 구경조차 할 수 없는 위스키와 포트 와인과 셰리 주를 마실 수 있는 카페였다. 그러나 사교계도 변화가 없을 수 없었다. 오늘날처럼 바쁜 시대에는 건설 노동자도 은행가, 의사, 작가와 서슴없이 어울리며 잔을 기울인다.

물론 카페의 주변 모습은 옛날과 많이 달라졌지만 카페의 세계는 전통적인 모습을 그대로 간직해왔다. 카페는 여전히 대도시의 대로와 광장에서 화려한 매력을 뽐내고, 예술가들의 카페는 찬란했던 옛날의 영광을 이용한다. 또한 동네의 카페들은 서민적 모습을 그대로 잇고 있다.

카페를 찾는 손님들의 사회적 신분이 어떻든간에 그들은 순간이나마 짜릿한 행복을 얻기 위해서 카페는 찾는다. 모두가 행복을 찾아 카페로 발걸음을 서두르고 있다.

02

키워드로 보는 카페

내가 누구인지 다른 사람에게 보여주기 위해서, 누군가와 이야기를
나누기 위해서, 행복이 무엇이고 불행이 무엇인지 알기 위해서,
내 꿈을 충족시키기 위해서, 웃고 울기 위해서, 화창한 날과 길이 필요하고
카페와 카바레와 레스토랑이 필요하다. 우리는 주인공이 되고 목격자가 되기를
좋아한다. 함께 어울릴 대중과 화랑과 우리 삶의 증인을 갖고 싶어한다.
_《파리의 즐거움》, 알프레드 델보

오아시스

사람들은 카페를 '마시기 위해' 찾았다.
커피에 다양한 알코올을 섞어 마시며 정신을 번쩍 들게도 하고,
마음을 풀기도 하는 카페는 사람들에게 구원의 오아시스였다.
커피와 함께 마시는 알코올 중에서도 압생트의 인기가 대단하여,
건강상 폐해가 지적되기도 했다.

카페를 찾는 이유는 무엇보다 목을 축이기 위해서다. 누구도 부인할 수 없는 명백한 사실이다. 그렇지 않다면 카페가 폭염이 기승을 부리는 여름에 언제나 최고의 매상을 올린다는 사실을 어떻게 설명할 수 있겠는가? 갈증을 해소하고 싶은 사람에게 카페는 자그마한 낙원, 뜻밖에 나타난 구원의 오아시스인 셈이다.

주도로 한가운데 조그만 카페가 있다. 자칫하면 지나치기 십상이다.
발코니도 없고, 배꼽에 털 달린 인어 석상도 없다. 아무런 장식이 없다. 아주
단순하다. 게다가 무릎 높이에 있어 고개를 숙이고 들어가야 한다. 그래도
'물통A la citerne'이라는 간판이 걸려있다. 존재 이유를 정확히 알려주는
간판이다. 그곳은 오아시스다.

－《마노스크 데 플라토》, 장 지오노

발두아즈 주 오베르쉬르우아즈의
압생트박물관에 전시되어 있는
압생트 용기.

갈증에 시달릴 때 비스트로의 카운터나 테라스에서 목을 축일 수 있다면 그 이상의 위안이 있겠는가!

뜨거운 햇살에 서둘러 걸음을 옮기는 사람들의 뒤를 따라 들어가는 커다란 카페는 손님들로 넘쳐 흘렀다. 손님들은 술잔을 든 채 따가운 햇살 아래 앉았다. 사각형과 원형 테이블 위에 놓인 잔에는 붉은색, 노란색, 초록색, 갈색 등 각양각색의 액체가 채워져 있었다. 물병 속에서는 맑은 물을 차갑게 해주는 커다란 얼음덩이가 반짝였다. 여름 밤의 갈증은 사람들의 발길을 붙잡았다. 입안을 적셔줄 시원한 음료를 찾아 모두 카페로 모였다.(《벨라미》, 기 드 모파상)

카페에서 무엇인가를 마시는 것은 기본 욕구를 충족시키는 동시에 진정한 즐거움을 향유하는 시간이다. 주인과 이야기를 나누며 먹고 마시는 카운터, 조그만 대리석 테이블, 친절한 웨이터, 구미를 돋우는 상표가 붙은 술병으로 채워진 선반, 반듯하게 정돈된 잔, 이 모든 것이 손님들을 유혹한다. 물맛까지도 좋을 수밖에 없다. 카페가 아닌 곳에서 마신다면 그 맛, 그 향기, 그 존재 이유가 상실되는 음료들이 있다. 호화로운 카페든 변두리 카페든 카페에서 마실 때 그 맛이 더해졌다.(《카페의 단골손님들》, 조리스 카를 위스망스)

게다가 카페에는 흥겨움과 나눔이 있다. 그곳에서는 결코 혼자 마시지 않는다. 언제나 함께 마신다. 옆 사람들과 건배하면서 더불어 마시는 집단 행동이 카페의 특징이다. "주인 양반, 이 사람들에게 한 잔씩 돌리시오!" 장벽이 무너져 내린다. 경계심이 사라지고 신뢰감이 쌓인다. 대화가 끝없이 이어진다. 웃음소리와 박수소리에 대화가 잠시 중단될 뿐이다.

작은 것이 아름답다고 했던가! '작은 잔에 담긴 검은 액체'가 계산대의 왕이다. 커피는 남북으로는 릴에서 마르세유까지, 동서로는 스트라스부르에서 브레스트까지, 프랑스 전역을 지배한다. 커피맛에 카페 주인의 명예가 달려 있다. 훌륭한 커피맛을 찾아내

퍼콜레이터는 직접 열을 가해서, 내부의 파이프를 통해 뜨거운 물을 순환시키며 커피를 추출하는 기구다.

기가 얼마나 어려웠던가! 속도도 문제였다. 이때 등장한 퍼콜레이터는 누구도 불평할 수 없는 맛의 커피를 신속하게 뽑아낼 수 있는 혁명적인 기계였다. 1857년 파리의 바뱅 가에서 문을 연 카페 제냉이 퍼콜레이터를 최초로 도입한 카페였다. 경쟁자들도 곧바로 퍼콜레이터를 들여놓았다. 그 후로는 가격 경쟁이 벌어졌다. 뒤퐁이란 사업가는 그가 소유한 파리의 서른다섯 군데의 카페 전부에서 파격적인 가격을 내걸었다. 이러한 사업 정신을 착실히 물려받은 그의 아들은 초승달 모양의 크루아상을 곧은 형태로 만들어 커피에 적셔 먹기 쉽게 했다. 아침에 마시는 커피에 크림을 살짝 얹어주는 카페도 있었다. 비엔나 커피의 탄생이었다.

그러나 시골 농부들은 '검은 물'에 그다지 열광하지 않았다. 술랑쥬의 카페 드 라 페에서 한 달 동안 팔리는 커피는 채 스무 잔도 되지 않았다. 식민지에서 건너온 기호식품은 술랑쥬에 거의 소개되지 않았기 때문에, 간혹 도시 사람들이 커피나 코코아를 주문할 때마다 주인은 당황할 수밖에 없었다. 그러나 밀가루에 아몬드 가루와 붉은 설탕을 섞고 두툼한 껌처럼 만들어 마을 식료품점에서 싸게 팔았던 암갈색의 스프bouillon 원료를 이용해서 유사 커피 음료를 만들었다. 갈색 항아리에 치커리를 넣고 함께 끓이는 방법이었다. 카페 주인은 이렇게 만들어진 거무스레한 물을 바닥에 떨어져도 깨질 것 같지 않은 투박한 도자기 잔에 담아 파리의 카페처럼 손님들에게 대접했고, 당시 백설탕은 술랑쥬까지 전해지지 않았던 까닭에 개암열매처럼 거무튀튀한 설탕조각을 곁들였다. 장터의 상인들은 이런 가짜 커피를 즐거운 마음으로 마셨다.(《농부들》, 오노레 드 발자크)

각 지방마다 이런 고유한 음료가 만들어지고 있었다. 노르망디와 브르타뉴의 시골에서는 능금주가 있었다. 카페 주인들이 앞다투어 만든 능금주에서는 소변처럼 야릇한 냄새가 풍겼다! 그러나 한적한 시골이 아니면 이런 술은 마시기 힘들었다.(《외상 죽음》, 루이 페르디낭 셀린)

조용한 지방에서의 하루는 사과로 만든 술 '칼바도스'로 시작되었다. 노르 주에서는 맥주가 노동자들에게 인기였다. 대신 양에 상관없이 가격은 똑같았다. 그래서 노동자들은 경우에 따라서 다른 컵을 선택했다. 광산에서 나올 때에는 목구멍이 먼지로 가득했던 까닭에 큰 컵으로 마셨다. 그러나 일요일에는 시간이 넉넉했던 까닭에 작은 컵을 선택하는 지혜를 보여주었다.(《조사 수첩》, 에밀 졸라) 야생의 과실을 발효시켜 노간주나무 열매로 향을 돋운 음료도 비교적 저렴한 가격 때문에 인기 있었다. 다만 그 음료의 제조법은 매번 달라, 맛도 조금씩 달라졌다.

각 지방에서 생산된 포도주가 어찌 빠질 수 있겠는가! 부르고뉴의 일부와 모르방에서 생산되는 '뱅 퀴Vin Cuit'(농축 포도주)는 상당히 고가여서 농부들의 삶에 커다란 영향을 미쳤고, 카페가 있는 마을에서는 식료품 상인이나 음료 상인이 제조법을 반드시 알아두어야 했다. 선별된 포도주, 설탕, 계피 등 여러 향료를 섞어서 제조한 이 음료는 독한 증류주나 그 혼합주에 비해서 농부들에게 훨씬 사랑받았다.(《농부들》, 오노레 드 발자크)

그러나 독한 술도 여전히 강세였다. 비스트로의 손님들은 술들에 재미있는 이름을 붙였다. 가슴을 찢어내는 술casse-poitrine, 창자를 뒤틀리게 하는 술tord-boyaux, 탕아를 위한 물sirop de crapule! 건

발두아즈 주 오베르쉬르우아즈의 압생트박물관에 전시된 비스트로 테이블.

장한 손님이 카운터로 뚜벅뚜벅 걸어와 '가슴을 찢어내는 술'을
주문하는 모습을 상상해보라.

카페에서 사람들은 작은 잔으로 커피를 마신 후 그 잔에 술을
마시는 것이 보통이었다. 이것이 옛날부터 전해오는 '푸스 카페
pousse-café' 혹은 '카페 구트café-goutte' 라는 것이다. 노르망디에
서는 커피에 칼바도스를 섞은 카페 쿠아프로 아침이 시작되었다.
포도주와 커피를 섞은 글로리아, 커피, 포도주, 일반 술을 섞은 마
자그랑, 코냑에 설탕을 탄 콩솔도 대단한 인기를 끌었다. 섞어 마
시고 싶지 않은 사람들은 커피를 마신 후에 랭세트(입가심 술)를 마
셨다. 작은 잔에 코냑을 따라 마시는 것이 보통이었다.

도시의 부르주아는 고급 술로 같은 효과를 노렸다. 럼, 버찌
술, 펀치, 큐라소, 샤르트뢰즈, 바바루아즈…. 황금시대라 일컬어
지는 20세기 초에는 식욕을 돋워주는 아페리티프 용 음료가 폭발

적인 인기를 끌었다. 아페리티프의 주문은 테라스에서도 끊이지
않았다. "웨이터! 딸기술 하나!", "산딸기술 하나요!" 알코올도수
가 21도였던 아메르 피콩이 가장 인기였다. 용담, 오렌지, 기나 껍
질을 주원료로 만들 술로 탄산수, 맥주, 시럽 등과 섞어 마셨다.
아니스 열매로 향기를 더하고 압생트를 주원료로 만든 베르무트
와 페르노 주도 대중의 사랑을 받았다. 게다가 카페 주인이 자신
만의 비법으로 만들어낸 혼합주도 있었다. 특별한 손재주가 필요
한 혼합주도 있었다. 결국 배합률이 문제였다.

압생트는 특별한 대우를 받아야 마땅했다. 모두에게 뜨거운 사
랑을 받았던 압생트는 황금시대의 총아가 되었다. 사람들은 압생
트에게 '초록빛 요정'이란 별명을 붙여주었다. 또한 프랑스를 상징
하는 색인 '푸른색 물'이라 불리기도 했다. 압생트는 알제리가 원
산지였다. 그곳에 주둔한 프랑스 군인들에게 특별한 사랑을 받은
덕분에 본토까지 전해진 것이었다. 1880년에서 1900년 사이에 생
산량이 세 배로 늘어날 정도로 프랑스 국민의 사랑을 받았다. 맛이
환상적이었다. 작가들은 그 감미로운 맛에 찬사를 아끼지 않았다.

그들은 조그만 카페에 들어가 압생트를 마셨다. 카페를 나와 그들은 다시
인도를 걷기 시작했다. 모리소가 갑자기 걸음을 멈추며 '압생트 한잔
더 할까?'라고 물었다. 소바쥬 씨는 '좋을대로 합시다'라며 기꺼이 응했다.
그들은 다른 술집으로 들어갔다. 술집에 나올 즈음 그들은 거나하게
취해있었다. 공복에 술을 마신 탓이었을 것이다. 날씨는 포근했다.
게다가 산들바람이 그들의 얼굴을 가볍게 간지럽혀주었다.
-《두 친구》, 기 드 모파상

오후가 끝나갈 즈음, 그러니까 오후 네 시에서 여섯 시 사이에 압생트를 마시는 습관이 유행이 되었을 정도로 압생트의 인기는 폭발적이었다. 카페 주인들이 구태여 압생트란 이름을 거론할 필요조차 없었다. 그저 "그걸 마시러 오셨나요?"라고 물으면 충분했다. 압생트는 사람들을 환상의 세계로 데려갔다. 상상에서 꿈꾸던 다른 세계로 안내해주었다. 모두가 그 매력적인 음료에 입술을 적시고 싶어했다. 여자나 남자나, 부르주아나 노동자나, 화가나 시인이나 모두가…. 반 고흐는 압생트에서 새로운 색을 찾아냈고, 랭보는 압생트에 취한 발걸음으로 환각의 세계를 배회했다.

의사들은 압생트가 다른 알코올성 음료보다 위험하며, 결국에는 우리 사회를 병들게 만들 것이라는 엄중한 경고를 보냈다. 그러나 소비량은 계속해서 증가했다. 1898년에는 최고기록을 수립했다. 금주운동이 시작되자 '초록색 악마'에 대한 맹렬한 공격이 이어졌다. 포도 재배자들도 '초록색 악마'의 공격에 적극 참여했다. 포도나무뿌리진디가 포도밭을 휩쓸고 지나간 직후였고, 압생트의 소비가 급증하면서 상대적으로 포도주 소비량이 하염없이 추락하고 있었기 때문에 그들은 위

> 열일곱 살의 청년이 무엇을 심각하게 생각하리요
> 화창한 저녁, 맥주와 레몬수를 채운 컵들,
> 휘황찬란한 상들리에 아래의 소란스런 카페들!
> 푸른 잎새로 무성한 보리수 아래에서의 산책
>
> 보라, 해변의 파도처럼
> 넘실대는 포도주를!
> 보라, 산굽이를 넘나드는 듯한
> 쌉쓰레한 술잔들을!
>
> 지혜로운 순례자들이여,
> 초록빛 압생트를 어찌 마시지 않으리요…
> 나는 저 농부들과 함께 마시리라
> 친구여, 명정酩酊이 무엇이리요
>
> 연못 속에서,
> 무섭게 부풀어 오르는 크림 아래에서
> 잎새가 살랑대는 숲가에서
> 나는 썩어가고 싶노라.
>
> ―〈로망Roman〉, 아르튀르 랭보

압생트를 마시는 여인은 19세기 말에 화가들이 즐겨 그린 주제였다.
익명의 화가가 그린 이 그림은 현재 압생트박물관에 소장되어있다.

기감을 느끼지 않을 수 없었다. 게다가 과잉생산도 문제였다. 1907년 《르 마탱》의 한 기자는 "카페의 테라스에서 초록색 물이 붉은 물을 완전히 몰아냈다. 손님의 수만큼이나 다양한 아페리티프가 테이블에 놓여있다. 과거의 정겨운 막포도주는 어디서 마실 수 있을까?"라고 보도했다. 결국 1915년 3월 압생트를 전면적으로 금지시키는 법안이 제정되었다.*

양 세계 대전의 사이에는 두 가지 음료가 카페의 주인공이었다. 시골의 담을 도배할 정도로 대대적인 광고를 펼친 포도주 뒤보네와 혼합주 리카였다. '대화를 위한 음료'라 일컬어진 리카는 1932년에 첫선을 보였다. 리카의 인기는 하늘을 찔렀다. 그때부터 리카는 시골 카페의 진열창을 장식해주는 간판 아닌 간판이 되었다.

손님이 늘어나고 손님의 취향도 다양해지면서 카페 주인들은 창고를 확대할 수밖에 없었다. 술 도매업자들이 트럭에서 술 상자를 내려 지하창고까지 운반하는 것을 도와주는 일도 쉽지는 않았다. 2차 세계 대전이 발발한 이후 술집을 찾는 젊은이들의 발길이 잦아졌다. 파나셰(맥주와 레모네이드의 혼합주)가 절찬리에 팔려나갔다. 1949년 코카콜라가 뇌쇄적인 병 모양으로 폭발적인 인기를 끌면서 소다수의 종류도 다양해졌다. 그리고 1960년대는 고등학생들에게 전폭적인 사랑을 받은 박하향 디아볼로의 시대였다.

* 압생트는 알코올도수 68도에 당분을 포함하고 있지 않으며, 아니스의 향과 쓴맛 덕에 아페리티프로 쓰였다. 그런데 주원료인 향쑥의 정주精酒 성분이 신경조직에 유해하고 중독성이 있음이 밝혀져, 1915년 전후에 향쑥의 첨가가 금지되었다.

대중의 사랑을 받은 음료에는 별명이 붙여지는 전통이 있었다. 또한 시간이 흘러가며 카페에서만 통용되는 단어들도 생겨났다. 카페의 단골손님들은 그 단어들을 자기 손바닥처럼 훤히 알고 있었다. 로베로 지로가 펴낸 《비스트로의 은어들》이란 재밌는 책에는 카페의 음료를 가리키는 다채로운 어휘가 수록되어 있다.

단순히 '커피'를 주문하는 것은 재미가 없다. 에스프레소(엑스프레스express), 블랙커피(쥐jus), 블랙커피(깜장petit noir) 중에서 기분에 따라 선택하면 충분하다. 카페오레는 '크렘crème'이 되었다. 카운터의 왕으로 오랫동안 군림한 작은 잔의 포도주는 '자자 한 잔un verre de jaja 혹은 간단하게 '붉은 것rouge'이라 불렸다. 한편 유머 감각과 교양을 드러내고 싶은 손님은 커다란 잔에 담은 붉은 포도주를 주문할 때 '스탈린 한 잔!'이라 소리쳤다. 그리고 '블랑카스'(백포도주와 까막까치밥나무 주를 섞은 것), '멜레카스'(럼과 까막까차밥나무 술을 섞은 것)라는 것도 있었다.

맥주가 대중화되면서 다른 이름들이 생겨났다. 거품mousse, 블롱드blonde, 하얀 칼라col blanc 등이었다. 또한 맥주는 대개 4분의 1리터들이 잔에 마셨고 '드미demi'라는 용어가 급속도로 퍼져나가기도 했다. 그보다 작은 컵에 마실 때에는 '보크bock'라는 용어가 사용되었다.

'보크'는 1860년경 파리에서 처음 등장했지만 오늘날의 뜻과는 달랐다. 당시 이 단어는 독일에서 오래 전부터 무척이나 유명했던 맥주의 이름이었다. 좀더 정확히 말하면 보크라는 이름의 맥주 양조업자가 뮌헨에서 양조한 맥주를 가리키는 단어였다. 따라서 대부분의 맥주 양조업자와 술집 주인들은 간판에 그 남자의 얼굴을 내세웠고, 이 맥주는 파리에서 폭발적인 인기를 얻었다. 다만 고급 카페에서나 맛볼 수 있었다. 게다가 보통 맥주컵과는 다른 형태의 더 작은 컵에 팔면서 가격은 상당히 비싼 편이었다. 평범한 카페에서는 옛날의 기억을 되살려냈다. 과거에 스트라스부르 맥주가 인기를 끌었을 때처럼 각 지방에서 생산된 맥주들을 보크라는 이름으로 팔기 시작했다. 이리하여 처음에 내용물을 가리키던 명칭이 용기를 가리키게 되었다.(《숙어와 속담200 Locutions et proverbes》, 마르탱 에망Martin Eman)

말장난처럼 만들어진 술이름도 적지 않다. 럼과 물(프랑스어로 Rum et Eau)을 섞은 혼합주를 '로메오', 이탈리아산 베르무트 생자노Cinzano는 '생자로singe à l'eau' (물먹는 원숭이)로 불렸다.

소다수와 석류 시럽을 섞은 것으로 잔에 붙은 빨대 두 개로 마시던 혼합주를 대다수의 청소년들은 '디아볼로'라 불렀지만 '인디언'이란 부르는 이도 있었다. '의장님'이라 불린 음료도 있었다. 1954년과 1955년에 국회 의장이었던 피에르 멘데스 프랑스Pierre Mendès France가 초등학생들에게 우유의 무료급식을 결정한 후에 우유에 붙여진 별명이었다.

휴식

혼자만의 시간을 갖기 위해, 혹은 다른 사람들과의 만남을 위해….
사람들이 카페를 찾는 목적이 무엇이든
카페는 누구에게나 즐거움과 편안함을 주었다.
그래서 사람들은 저마다 자기와 비슷한 이들이 모이는 카페로 모여들었고,
자연스레 직업별 전문 카페가 생겼다.

카페는 구원의 피난처였다. 울적한 기분에 침울한 얼굴로 카페를 찾는 사람들이 종종 있었다. 비가 추적추적 내리는 오후에는 진창 길과 추위에서 잠시라도 벗어날 생각으로 카페에 들렀다.(《생명의 승리》, 장 지오노) 길 모퉁이의 카페는 피해갈 수 없는 유혹의 장이 었다. 게다가 예정에 없이 갑작스레 들어가야 제격이었다.

저기에서 뭘 좀 마시면서 이야기를 나눌까? 그들이 만난 곳에서 얼마 떨어지지 않은 카페를 가리키며 아나톨이 물었다. 둘러쳐진 나무 울타리가 허물어지고 커다란 나무들의 짙은 그림자가 잔뜩 드리워진 카페였다. 게다가 주변의 화단이 잡초로 무성해, 화창한 여름이었지만 겨울의 을씨년스런 분위기가 감돌고 있었다. 그는 코리올리스의 팔을 잡고 화단으로

들어갔다. 닭들이 자그마한 촛대 받침에서 무엇인가를 쪼아대고 있었다.

—《마네트 살로몽》, 공쿠르 형제

　혼자만의 시간을 갖기 위해서 카페를 찾는 사람도 있었다. 아무도 그들을 알아보지 못했기 때문에 혼자 사색을 즐기기엔 적합했으리라. 반면 낯선 사람들과 어울리기 위해서 카페를 찾는 사람들도 있었다.(《파리는 축제다》, 어네스트 헤밍웨이)

　손님들의 감성에 전혀 부응하지 못하는 카페도 있었다. 카페라는 이름에 이끌려 들어갔더라도 이런 카페에서는 서둘러 빠져나올 수밖에 없었다. 손님들의 태도, 무뚝뚝한 주인, 썰렁한 장식 등 여러 가지 이유로 이런 불편함을 설명할 수 있겠지만, 장 지오노는 《생명의 승리》에서 겉치레로 가득한 이들이 들끓는 카페를 카페로 인정하지 않았다. 그에게는 마르세유의 모든 카페가 네로, 칼리굴라, 카에사르, 비텔리우스 같은 사람들로 가득한 연회장처럼 보였다. 수염을 기른 샤를마뉴 황제처럼 교만해보이는 인간들이 프랑스식으로 꾸며진 정원에서 어리석은 연설을 쏟아내고 있는

앵 주 생니지에르부슈의 한 카페에서
신문을 읽는 노인.

것처럼 보였다. 젊은이들도 로돌프 대공과 알 카포네를 닮아가는 것 같았기 때문이리라. 지오노는 소박한 옛 모습을 간직한 동네 카페를 더 좋아했다. 허름한 술집, 항구의 술집에서 오히려 마음껏 즐길 수 있다는 것이었다. 이런 곳에서는 특별함을 찾아서는 안 된다. 편하게 앉아 파이프 담배를 피울 수 있는 가죽을 덧댄 안락의자가 있고 오후에 손님이 거의 없는 카페, 그곳에 앉아 하나님을 생각하던 장 지오노는 반드시 생쉴피스 성당의 그리스도 석고상을 앞에 두어야 할 이유는 없다며 반문하곤 했다.

결국 카페는 내가 선택하는 곳이다. 낯선 도시의 거리를 산책하면서 블랙 커피를 마시고 싶을 때가 있다. 그때 카페의 겉모습을 훑어보고 안을 슬쩍 들여다본다. 내 취향에 맞으면 들어갈 수도 있지만, 좀더 나은 카페를 찾아 길을 계속 걸을 수도 있다. 마침내 내게 어울리는 카페를 찾아내기 마련이다. 내 집처럼 편안하게 느껴지는 카페다. 그때부터 매일 그 카페를 찾게 된다. 어네스트 헤밍웨이도 《파리는 축제다》에서 라 클로즈리 데 릴라를 "그래, 이 카페가 내 카페야!"라고 말했다.

카페는 안식처다. 안식처는 즐거움과 휴식이 있는 곳이란 뜻이다. 포근함과 안락함을 느낄 수 있는 곳이다. 간혹 환경의 변화를 원하는 사람도 있지만 그런 사람도 어딘가에서 친근한 구석을 다시 찾고 싶어하기 마련이다. 카페는 이제 공공장소가 아니다. 개인적인 친밀감을 구하는 곳이다.

이런 포근한 분위기를 만들어내는 데 대단한 것은 필요없다. 사소한 것으로 특별한 분위기를 만들어낼 수 있다. 사람들은 글을 쓰고 책을 읽으려 카페를 찾는다. 이제 카페는 우리에게 집이자 피난처가 되었다. 사람들은 매일 정해진 시간에 규칙적으로 카페 문을 열고 들어선다. 어떤 구속도 없는 곳이다. 자유로움이 보장된 곳이다. 카페에 들어선 순간부터 즐거움을 빼앗아갈 것은 아무것도 없다. 자유를 찾아서 서둘러 카페로 향한다. 그리고 나만의 즐거움과 자유를 만끽한다.

《젊은 시절의 회상과 초상》의 작가 샹 플뢰리의 작업실은 카페였다. 아침 아홉 시에 굶주린 배를 움켜쥐고 카페에 들어와 배를 채운 후 그곳에서 지인들과 글을 쓰고 그림을 그리다가 자정이 되어서야 집으로 돌아갔다. 다른 손님 중에서도 책이나 신문을 읽는 사람들, 당구를 즐기는 사람들이 대부분이었고 간혹 글을 쓰는 사람들도 있었다 한다.

카페는 단골손님들의 집회장으로 조금씩 변해갔다. 때문에 카페마다 단촐한 식구가 생겼다. 작은 동네와 시골의 생활방식이 카페를 그렇게 만들어갔다. 낯익은 얼굴에게만 문을 열어주고 환영의 함성과 웃음을 보냈다. 십여 명의 연금생활자들이 단골이 되어 매일 저녁 테이블 하나에 둘러앉아 카드놀이를 하고, 정치에 대한 소박한 생각들을 주고 받으며 여주인과 암코양이에게 진지한 관심을 기울여주었다.(《파리 사람들》, 조리스 카를 위스망스) 단골손님들은 이름 아니면 별명으로 불렸다. 따라서 낯선 사람은 언제나 불청객이었다.

도매시장의 소시민들은 시장 안에 있는 술집에 모인다. 야채장수, 생선장수, 버터장수, 과일장수로 도매시장이 활기를 띠기 시작하면 선착장에 도착한 수레꾼들은 밤새 문을 열어둔 카페와 카바레에서 목을 축였다.(《10월의 밤》, 제라르 드 네르발)

금융업자들과 사업가들은 증권거래소 주변의 카페들에 모인다. 카페 이름도 카페 뒤 스톡익스체인지였다. 투자자, 대리인, 중개인, 장외 중개인, 투기꾼, 매수인, 매도인이 주된 손님이었다. 그들이 돈이나 종교, 과학이나 철학, 사랑이나 장사, 개인사업이나 공공사업 등에 관심을 가질 것이라고 좋게 생각해서는 안되었다. 증권거래소에 들락대는 사람들에게 유일한 흥미거리는 지수의 등락일 뿐이었다.(《파리의 즐거움》, 알프레드 드보)

국회의원들은 국회 주변의 카페에 모인다. 예술가와 예술 동호인은 카페 데 바리에테에서 어울린다. 학생들은 대학 근처의 술집에서 열띤 토론을 벌인다. 서포터들은 일요일 아침마다 카페 데 스포르나 올림피크에서 만나 전날의 승리를 축하하거나 패배를 잊으려 한다. 이처럼 각양각색의 단체가 카페를 본거지로 삼아 모임을 갖는다. 이민자들은 프티 카빌이나 라 빌 도란에서 모여 고향의 분위기를 느껴보려 한다.

그러나 무의식적으로 반복되는 행동은 가끔 서글프게 느껴졌다. 카페에 들어서면 기계처럼 두 손가락을 내밀며 악수를 청하는 주인, 한낮부터 도미노 게임에 빠져 다가가 인사를 하더라도 잘 지내냐며 형식적으로 답변하는 친구들 그리고 헤어질 때조차 고개조차 들지 않고 손만을 내미는 다른 단골들.(《가족》, 기 드 모파상) 다음날 또다시 만날 사람이거늘…. 그러나 늘 마시던 음료를 주문하고 건배에 응하며 같은 인사말을 주고 받을 뿐이다. 하지만 그

왼쪽| 제르 주 보몽드로마뉴에 있는 카페 뒤 스포르.
  사람들은 자기와 비슷한 손님이 모이는 카페로 향했고,
  이곳에서는 럭비에 대한 열정을 나누었다.

래서 어쨌다는 것인가? 행복은 이처럼 사소한 것에서 시작되지 않는가? 낯익은 얼굴이 보이지 않을 때 커다란 공백을 느끼게 해주는 이런 무의미한 순간들로 행복을 만들어가는 것이 아닐까?

모항母港

고향이 없는 사람들, 혹은 고향을 떠난 사람들.
특히 선원들에게 카페는 고향의 본가였다.
전 세계에서 모여든 다양한 사람들이 뒤섞여 커피와 술을 마셨다.

카페마다 단골손님이 있지만 뜨내기 손님도 있다. 집을 나선 사람
들은 카페에 들른다. 걷는 사람들에게 카페는 잠깐 쉬어가는 곳이
다. 외판원들은 단골 카페가 없었지만 어느 도시에나 카페 뒤 코

피니스테르 주 생트마린의 카페 드 라 칼.
옛날에 생산되던 포도주 병을 선반에 진열해두었다.

메르스가 생기면서 그 카페를 단골로 삼았다. 그들은 먼 길을 걸은 후 그곳에서 피로를 풀었고, 마침내 그곳을 활동의 본거지로 삼아 잠재고객을 확보하려 했다. 지루함과 피로에 지친 여행객들은 역 앞 카페나 종점 다방에서 시간을 죽인다. 이런 카페들은 온갖 유형의 만남이 있는 곳이다.

금방이라도 허물어질 것 같아 조금도 편안함이 느껴지지 않는 역 앞의 카페에도 매일 새로운 얼굴들이 스쳐 지나갔다. 막노동꾼, 철도 부설원, 벌목꾼이 술잔을 기울였고, 외판원이 지친 모습으로 앉아 있었다. 약 50미터 떨어진 곳에 있는 역에는 하루에 네 번씩 기차가 정차하는데 여행객들은 기차에 내리자마자 서둘러 카페로 달려와 목을 축였다. 그리고 숨돌릴 틈도 없이 기차로 돌아갔다.(《쉬즈의 붓꽃》, 장 지오노)

관광객들은 그런대로 여유가 있다. 쾌적한 테라스에 앉아 짧은 시간이나마 행복에 젖을 수 있기 때문이다.

따가운 햇살이 내리쬐는 조용한 오후였다. 날씨도 포근한 편이었다. 선량한 망스 사람들이 둘이나 셋씩 짝을 지어 내 옆에 앉아 있었다. 프랑스 어의 감미로운 음율, 이 완벽한 언어의 해탈한 듯한 음절이 내 귀를 간질였다. 내 마음을 사로잡을 만한 특별한 것은 없었다. 카페의 풍경은 프랑스의 일상적인 모습이었다. 나는 프랑스의 매력을 찾아보았다. 일종의 공감대를 갖고 싶은 욕심이었을 것이다. 프랑스에 있다는 충만감과 경쾌하고 생동감있는 분위기에서 느껴지는 감정이기도 했지만, 일면에서는 눈앞의 풍경을 긍정적이고 호의적으로 보려는 욕망의 발현이기도 했다. 나는 왜 그때 그곳에서 그런 형이상학적인 감정에 사로잡혔을까?

어쨌든 카페 앞에서 보낸 30분간의 한적한 시간, 인간의 목소리로 채워진
10월의 감미로운 저녁시간은 내가 망스에서 가져온 가장 소중한 기념품이었다.
  − 《망스 여행Visite au Mans》, 헨리 제임스

카페의 테이블에 앉아 거리를 물끄러미 지켜보는 것만큼 편안한 시간이 있을까? 이는 너무도 강렬한 유혹이어서 때때로 사람들에게서 산책의 즐거움을 빼앗기도 했다.

선원들의 카페는 특별한 공간이었다. 영원한 방랑자였던 선원들이 긴 바다 여행에서 돌아온 후 무엇을 하겠는가? 그들은 배에서 내리자마자 카페 뒤 포르나 카페 드 라 마린이라는 이름을 가진 항구의 카페로 달려갔다. 그곳은 '고향이 없는 사람들'이 모이는 곳이었다. 술과 노래가 그들을 새로운 차원의 여행으로 초대해주었다. 항구의 밤의 어둑한 술집, 겉보기에는 비좁지만 온갖 종족과 온갖 연령의 남녀들이 족히 백여 명은 들어차곤 했다.

휜칠한 키, 창백한 얼굴에 과묵한 스칸디나비아의 선원들은 올림포스 산의 신처럼 술을 마신다. 말없이 술을 들이키며 고향의 하얀 눈을 그리워하는 듯하다. 이제 그들의 허리춤에는 칼이 없다. 칼의 시대는 지났다. 모두가 그들을 존중해주는 시대가 되었다. 이제 그들은 누구도 공격하지 않는다. 그러나 스스로 지킬 줄은 안다. 필요하다면 언제라도 곰처럼 강해지고 하이에나처럼 잔인해질 수 있는 민족이다. 그리고 양키들! 고함을 질러대고 춤을 추는 어릿광대 같다. 내기를 걸고 욕설을 내뱉으며 주먹질을 해대고 비싼 술을 거침없이 마셔댄다. 그러나 그들도 해가 뜨면 테이블 앞에 주저앉아 슬픈 웃음을 짓는다. 조용하지만 장난기 어린

독일인도 있다. 바닷물처럼 푸른 눈동자, 발그스레한 볼, 수줍은 듯하면서도 예의바른 태도! 가난한 탓인지 우울해 보인다. 취해서 노래를 부르기 직전에는 언제나 겉옷의 안주머니에서 사진, 말린 꽃, 머리카락 한 타래를 꺼내고 눈물 짓는다. 그리고 떠들썩한 춤 판을 벌인다. 이집트와 튀니지와 이란에서 온 동방의 선원들은 수 세기 동안 기독교 세계를 공포에 떨게 했던 알제리 해적들의 후손 답게 구리빛이다. 그들 모두가 돈에 굶주려 있다. 머리 속에서는 돈 생각밖에 없다. 술에 취해 비틀거리며 범죄행각을 벌일 때에도 그들은 돈벌이가 될 수 있는 것을 생각한다. 북유럽 사람들이 즐 기는 동안에도 그들은 돈벌이에 열중한다. 속임수 도박으로 영국 인들의 주머니를 터는 것도 바로 그들이다. 엄청난 도적질을 하고 술집에서 몸을 숨기고 있는 범인을, 아수라장 속에서도 정확히 찍 어내어 등에 칼을 꽂는 사람들이다.

이중 카페의 제왕은, 술집이 제 집인 양 커다란 목소리로 떠들 정도로 오만하지만 의리 있고 대담무쌍한 이탈리아 선원들, 카탈 루냐 선원들, 그리고 프로방스 선원들이다. 푸른 바다를 주름잡는 그들은 아르고 호를 조정하던 신화 속 인물의 후예다. 초생달 모 양으로 찢어낸 셔츠 틈새로 구리빛 가슴을 자랑스레 드러낸 위대 한 로마 항해사들의 후예다. 항구의 술집은 그들의 것이며 그들을 위해 존재한다. 돈을 탐내 양키에게 접근하고 동방 사람을 본능적 으로 피하는 술집의 여인들도 프로방스 선원들에게는 순정을 바 친다. 이 가련한 여인들은 "그래요, 우리는 마르세유, 제노바, 바 르셀로나, 이렇게 세 도시를 수도로 가진 나라의 사람들이에요"라 고 말하는 듯하다.(《마르세유에서 도쿄까지. 이집트, 인도, 중국, 일본의

N°4 Page 81.   le petit café à Rouen

프랑스 화가 뤼시엥 퐁타나로자가 1967년에 그린 〈루앙의 작은 카페〉.

모습들De Marseille à Tokyo, sensations de l'Egypte, de lInde, de la chine et du Japon》, 엔리케 고메스 카리요)

항구의 카페는 다른 곳과 분위기가 완전히 달랐다. 거룻배를 정박시킨 행복한 뱃사공들은 고기를 많이 낚은 날에는 술도 술술 잘 넘어갔다. 사방에서 흥겨운 노래소리가 끊이지 않았다. 고함을 지르고 노래를 불렀다. 심지어 주먹질까지 오갔다. 그야말로 아수라장이었다! 끝없이 술잔이 돌려졌다. 만선이 들어오면 카페는 선원들 그리고 고함소리와 담배연기로 가득했다. 털옷을 입은 그들은 팔꿈치를 테이블에 기대고 목소리를 높였다. 선원들이 계속해서 들어왔다. 덩달아 목청도 높아지고, 도미노 조각으로 테이블을 때리는 소리도 커졌다.

모파상의 《취객》에서 제레미와 마뷔랭도 그러한 카페의 구석에 앉아 술을 마시기 시작했고, 순식간에 몇 잔을 비웠다. 다시 몇 잔이 목구멍 속으로 사라졌다. 주인은 불꽃보다 시뻘건 통통한 얼굴에 미소를 흘리면서, 세상의 모든 우스갯소리를 알고 있다는 듯이 쉴새없이 떠벌리고 있었다. 제레미는 술을 단숨에 들이키고 미친 듯이 웃어댔다. 맹수의 포효처럼 들렸다. 그리고 흐뭇한 미소를 지으며 몽롱한 눈빛으로 친구를 바라보았다. 손님들이 하나 둘씩 떠나기 시작했다. 그들이 카페 문을 열고 나갈 때마다 차가운 바람이 카페 안으로 폭풍처럼 밀려왔다. 그 때문에 파이프 담배연기가 흩어지고, 작은 사슬에 매달린 호롱불이 흔들거렸다. 그때 갑자기 커다란 파도가 바위를 때리는 듯한 소리도 들리곤 했다.

피니스테르 주 도엘랑에 있는 카페 뒤 포르.

왼쪽| 게레와 이윙을 잇는 도로변에 있는 카페 플랑세.
이 지역 어부들이 주로 만나는 곳이다.
오른쪽| 피니스테르 주 카마레쉬르메르의 카페 드 라 마린.

다음날 바다로 나가기 전에 그들은 다시 카페에 모여 출항식을
가졌다.

세자르: (손에 잔을 쥐고)조용히! (엄숙한 어조로 말한다.) 이제 출발의 잔을
마시자! 출발의 잔, 얼마나 멋지고 감동적인 순간인가? 가족과 친구, 그리고
이곳의 손님들을 두고 떠나는 거야. 미지의 바다로 떠나는 거라구. 반드시
돌아올 수 있다는 확신도 없이! 자, 술잔을 잡게. 떨지마! 육지에서의 마지막
잔을 마시는 거야. ⋯ 출발의 잔! ⋯ 자, 건배!
-《마리우스》, 마르셀 파뇰

행복

카페는 사람들이 밖에서 느끼지 못할, 행복을 안겨주었다.
카페에서 얻은 힘을 카페 밖의 삶을 살아갈 원동력으로 삼았다.

카페는 퇴폐와 나태함 그리고 타락과 동의어였다. 카페는 권태감에 짓눌린 영혼들, 결국 낙오자들의 온상이었다. 작은 잔들, 당구에서 펀치볼까지 다양한 게임들, 그리고 운이 좋아 푼돈을 걸어 약간의 돈을 따면 밤의 환희를 즐기기에 충분한 도박판이 밤마다 벌어지는 곳이었다.(《여자 낚시꾼》, 오노레 드 발자크)

그러나 이는 카페의 한 면만을 본 때문이다. 무엇보다 카페는 사람들에게 안락함을 주고 다른 사람들을 만나면서 인간의 정을 느끼게 해주었다.

공쿠르 형제의 작품 《마네트 살로몽》의 아나톨은 개성이라곤 없는 사람, 자기만의 삶이 얼마나 필요한 것인지 느껴보지 못한 사람, 기생식물처럼 자신의 존재를 타인에게 본능적으로 의탁하는 사람이었다. 개인의 창의성과 자유와 개성을 녹어버려 하나로 만들어버리는 곳, 사람들이 모이는 곳이라면 어디라도 달려가는 것이 그의 천성이었다. 특히 그가 매혹을 느끼고 사랑했던 것은 팔랑스테르Phalanstère(공상적 사회주의자 푸리에가 제안한 공동생활 단체), 즉 카페였다.

카페가 외로운 사람들의 피신처인 것은 당연했다. 카페에 들어서는 순간부터 그들은 외로움을 조금이라도 덜어낼 수 있었고, 때로는 외로움이 빛나는 훈장처럼 변했다. 카페는 어머니의 품과도 같았다. 따뜻한 온정이 있는 집이기도 했다. 가족이 없는 사람들을 위로하는 조용한 세계 같은 곳이었다.(《독》, 레옹 폴 파르그)

때때로 카페는 누구에게도 환영받지 못하는 사람까지 넉넉하게 맞아주는 유일한 곳이었다. 힘겹게 살아가야 했던 사람들에게 카페의 구석자리는 유일한 안식처였다. 카페에는 그들의 푸념을 성심껏 들어줄 친구가 언제라도 있었다. 그러나 거짓으로 동정을 사려고 해서는 안 되었다. 과장된 슬픔에 대하여 카페는 사무적인 친절함으로 보답할 뿐이었다.

카페는 일종의 도피처였다. 일상의 스트레스에서 멀리 떨어진 딴 세상이었다. 어느 날 보들

오른 주 리뉴롤의 향신료박물관에 전시된 비스트로 카운터.

왼쪽| 파리 르드뤼 롤랭 가의 비스트로 뒤 펭트르.
오른쪽위| 랑드 주 라바스티드 다르마냐크에 있는 카페 토르토레.
오른쪽아래| 욘느 주 디상시스의 한 카페.

레르는 산책을 하던 중 많은 사람이 모여 있는 것을 보았다. 구경꾼들의 어깨 너머로 무슨 일인지 살펴보니 한 남자가 땅바닥에 누운 채 눈을 크게 뜨고 하늘을 쳐다보고 있었다. 그 앞에 서 있는 사내는 손짓으로만 그에게 무엇이라 말했고, 그는 눈으로만 대답했다. 두 사람에게서는 서로에 대한 깊은 신뢰를 읽을 수 있었다. 서 있는 사내의 눈빛은 누워 있는 사내에게 이렇게 말하는 듯했다. '자, 일어나게, 행복이 바로 코 앞에 있어. 이 길 끝에 있다고. 우리가 슬픔의 나락에 완전히 빠진 것은 아니야. 하지만 꿈의 바다에는 아직 도착하지 못했어. 자, 친구! 용기를 내게. 자네 발에게 머리 속의 생각을 실현시켜보자고 말해보게!'

　망설임이 있었다. 그러나 마침내 결심을 세운 듯했다. 땅바닥에 누워 있는 사내가 마침내 꿈의 바다에 도착한 듯했다. 그의 미소에서 분명히 읽어낼 수 있었다. '나를 가만히 놓아두겠나? 슬픔의 그림자는 이제 짙은 안개 뒤로 완전히 사라졌어, 이제 나는 꿈의 하늘에 아무 것도 요구하지 않을 거야! 이제부터는 감정의 노예가 되지 않을 거야!' 라고 말하는 듯했다. 숭고함의 극치였다. 그러나 술에 취한다는 것에는 그 이상의 숭고함이 있다. 혼자 카페를 찾지만 나올 때에는 언제나 동반자가 있는 사람들도 흔했다. 행복을 찾아서 혼자 항해한다는 생각을 스스로 용납할 수 없다는 부류였다. 그들에게는 마차를 함께 탈 친구가 필요했다. 그들을 동반자와 희망의 세계로 이어줄 끈으로서의 마차 말이다. 서 있던 사내가

앵드르에루아르 주 리쉴리외의 마르셰 광장에 있는 카페 브라스리.
카페에서 용기를 얻은 사람들은 희망을 안고 카페 문을 나선다.

누워 있는 사내를 밧줄로 묶고 천천히 걷기 시작하는 것을 보며 보들레르는 행복이 있는 만남의 광장으로 데려가는 것으로 보았다.(《인공 낙원》, 샤를 보들레르)

실패한 사람들은 카페에서 삶의 활력을 되찾았다. 카페에서 살면서 카페에서 용기를 얻어, 그들이 추구하는 것을 찾아 카페 문을 나섰다. 카페에서 희망과 꿈을 되찾았다. 결국 진정한 삶이 카페에 있었던 게 아닐까?

여자

카페와 여자는 어울리지 않는 조합이었다.
사회가 원하지 않았기 때문이다.
그러나 어느 카페에나 여급을 두었고, 창녀들은 손님을 끌기 위해
카페를 힐끔거렸다. 그리고 결국에는 여자도 카페에서
즐거운 시간을 보내는 것이 사회적으로 용인되기 시작했다.

카페는 남자들만의 세계였던가? 카페와 여자는 오랫동안 사이가 그다지 좋지 않았기 때문에 이런 의문이 자주 제기된다. 여자는 집을 지키는 것이 원칙이었다. 일요일에 성당을 다녀오고 빨래터를 오갈 수는 있더라도 카페 출입은 절대 금지였다. 물론 손님을 접대하는 여자는 예외였지만 그것도 카운터를 벗어날 수는 없었다. 그녀들은 언제나 공손하게, 웃는 얼굴로 손님을 맞이해야 했다. 웃는 얼굴이어야 손님을 끌 수 있었을 테니까! 여자의 웃는 얼굴은 카페의 성공을 위해 결코 포기할 수 없는 것이었다.

그러나 차츰 여자가 카페의 얼굴이 되었다. 손을 바쁘게 놀리며 컵을 닦았고, 테이블 사이를 돌아다니며 주문까지 받았다. 처음에는 손님들의 짓궂은 농담을 모른 척했지만, 차츰 그런 농담에

1925년 경 파리의 카페 테라스에서 담소를 나누는 여인들.
그러나 19세기 말만해도 이런 모습은 상상하기 어려웠다.

해맑은 미소를 보이며 멋지게 대꾸하는 솜씨가 늘어갔다.

모파상의 《익사자》에는 오방이라는 영감이 운영하는 카페의 매력적인 여자 종업원 이야기가 나온다. 손님들은 그녀와 한 마디라도 더 나누기 위해 계속 주문했다. 물론 한 잔이라도 더 파려는 오방 영감의 의도로, 그녀는 테이블 사이를 휘젓고 다녔다. 치마를 펄럭이면서 술꾼들 사이를 돌아다니며 미소띤 얼굴로 손님들과 여유있게 농담을 주고 받았다. 교활한 눈빛을 번뜩이면서!

이런 현상이 새로운 것은 아니었다. 메르시에가 《파리의 풍경》에서 18세기에 이미 확인해준 현상이었다. 손님들은 여종업원들을 치근덕대며 유혹했고, 카페에서 일하는 여자들은 항상 남자들에게 둘러싸여 지내기 때문에 남자들의 집요한 유혹을 이겨내려면 상당한 도덕성이 필요했다고 한다. 그녀들이 부리는 교태는 직업상 어쩔 수 없는 행동이었다.

이 시기부터 여자가 카페의 성공을 좌우하는 열쇠가 되었다. 실제로 카페 데 밀 콜론에서는 휘황찬란한 왕관을 쓴 '아름다운 레모네이드 아가씨'가 여왕처럼 군림해, 그녀를 보겠다는 욕심만으로 그 카페를 찾는 손님들이 인산인해를 이룰 정도였다.

그러나 여자가 손님도 될 수 있었을까? 대로변의 카페 테이블에 여자 혼자 앉아 있는 모습은 당시의 도덕률과 관습에서 용납될 수 없었다. 혼자 앉아 있는 여자는 필연적으로 의혹의 눈총에 시달리며 창녀가 아닐까라는 의심을 받아야 했다.

실제로 카페는 고급 매음굴이었다. 특별히 의심받는 수상쩍은 카페들이었다. 여자들이 카운터에 서서 술을 마시는 손님들에게 추파를 던지며 은근히 다가선다. 정겨운 대화가 오가며 농담이 점점 짙어진다. 주인은 모든 것을 이해한다는 미소를 지을 뿐이다. 짝이 맺어지고 2층에 준비된 방으로 올라간다. 남편에게 속은 부인은 절망의 한숨을 내쉬며, 시장에게 카페를 가장한 매음굴을 단속해달라는 서신을 보내기도 했다.

매춘은 서민들이 찾는 카페의 전유

클리셰 브리앙이 그린 〈레모네이드 아가씨〉. 파리사진박물관.

펠리시엥 로프가 1865년에 그린
〈압생트를 마시는 여인〉.

물만은 아니었다. 파리 대로변의 호화
로운 카페에도 점잖은 남자를 찾아 혼
자 테이블에 앉아있는 여자들이 있었
다. 그러나 그런 여자들이 자리를 차
지하고 있는 것만으로도 카페의 명성
에 치명적인 타격이었기 때문에 주인
들은 적극적인 대응책을 강구했고, 급
기야 남성을 동반하지 않은 여성에게
는 출입을 금한다는 벽보를 붙였다!

그러나 창녀들은 그런 벽보에 개
의치 않았다. 카페에 들어가는 대신
테라스 앞에서 서성대며 남자들을 유
혹했다. 웨이터들과 안면이 있는 경우
에는 그들과 반갑게 인사를 나누었다.
그리고 테이블을 차지하고 앉아 웨이터에게 마실 것을 주문했다.
그녀들은 편한 자세로 음료를 홀짝대고 잡담을 나누면서 연극이
끝날 시간을 기다렸다. 밤이 깊어지면 그녀들은 노골적으로 남자
사냥을 시작했다. 카페는 파리의 밤에서 마지막까지 불이 밝혀지
는 곳이었기에, 밤의 거래는 카페가 늘어선 길 전체에서 노골적으
로 이루어졌다.(《나나》, 에밀 졸라)

그러나 19세기 말경부터 여자들도 비스트로에 서슴없이 드나
들기 시작했다. 압생트의 쓴 맛에 얼굴에 주름을 만들며 표정마저
사라진 여자들은 펠리시엥 로프부터 에드가 드가까지 수많은 화
가들에게 영감을 주었다. 여자들도 압생트를 마시며 슬픔과 절망

을 잊고 싶어했다.

대여섯 명의 여자들이 대리석 테이블에 기댄 채 나지막한 목소리로 그들의
사랑, 뤼시와 오르탕스의 말다툼, 옥타브의 파렴치한 행동에 대해 이야기를
나누고 있었다. 통통하고 지나치게 뚱뚱하고 지나치게 마르고, 모습은
제각각이었지만 삶에 지친 흔적은 모두에게 역력했다.
머리카락은 대머리라 착각할 정도로 빠져있었다….
—《서녁》, 기 드 모파상

여자들의 좌절감도 남자들의 좌절감과 다를 바가 없었다. 그
러나 사회는 알코올에 빠진 남자를 올바른 길로 인도해줄 정숙한
아내를 원했다. 술로 좌절감을 이겨보려는 여자는 다행히도 무척
이나 드물었다.

그러나 시대는 계속 변했다. 여자가 카페에 혼자 앉아있어도
누구도 옛날처럼 경멸이 담긴 수상쩍은 눈빛을 보내지 않았다. 오
히려 정반대였다.

한 여자가 카페에 들어와 창가의 테이블에 앉았다. 혼자였다. 예뻤다.
1수 동전처럼 상큼한 용모였다. … 나는 그녀를 쳐다보았다. 그녀를
쳐다보는 것만으로도 가슴이 두근거렸다. 그녀를 이 이야기나 다른 이야기에서
주인공으로 삼고 싶었다. 그러나 그녀는 길과 카페 입구에 눈길을 두고 있을
뿐이었다. 누군가를 기다리고 있는 것이 틀림없었다. 그래서 나는 다시 글을
쓰기 시작했다.
—《파리는 축제다》, 어네스트 헤밍웨이

카페의 웨이터

흰 셔츠에 검은 조끼, 깔끔한 용모, 팔에 걸친 수건, 손가락 끝에 가볍게 올려놓은 접시! 이제는 누구에게나 친숙해진 카페 웨이터의 모습이다. 단골손님에게 웨이터는 단순한 봉사자가 아니었다. 인사말이라도 다정하게 주고받고 싶은 사람이었다. 때에 따라 비밀을 털어놓을 수 있는 친구가 되기도 했다. 또한 카페의 상징이자 자랑거리였다. 본분이 무엇인지 가슴에 새기고 있는 사람이었다. 장 폴 사르트르가 《존재와 무》에서 그의 철학을 뒷받침하려 인용한 사례도 바로 카페의 웨이터였다. 웨이터들은 저마다 독특한 습관과 말투 그리고 재치와 해학을 지니고 있었다.

지난 세기에 카페 드 라 로통드의 한 웨이터는 손님의 부름에 응답할 때마다 테이블을 세게 내리치는 상징적 행동으로 파리 전체에 명성을 떨치기도 했다.

카페의 웨이터는 테이블 사이를 날 듯이 돌아다닌다. 찻잔과 빈 잔을 나르고 행주로 잽싸게 테이블을 훔친다. 자, 손님이 도착했다! 웨이터는 어느새 테이블 앞에 서서 주문을 받는다. 손님의 주문

부슈뒤론 주 액상프로방스에 있는 카페 레 되 갸르송(두 명의 웨이터).

을 재차 확인하고 카운터로 달려가며 우렁찬 목소리로 주문 내용을 알린다. 잠시 후 그는 병과 잔으로 가득한 쟁반을 들고 돌아온다. 여전히 늠름한 모습이다. 잔을 테이블에 내려놓고 병마개를 딴다. 행동 하나하나에서 기운이 느껴진다.

잘나가는 카페의 웨이터는 아침부터 줄곧 서있어야 했다. 단 일 분도 앉을 틈이 없었다. 하루종일 카운터와 테이블을 오가면서 커피를 날랐고 때에 따라 지하창고까지 다녀와야 했다. 붉은 꽃무늬가 있는 셔츠와 반듯하게 주름을 세운 바지를 입기도 했다.(《소생》, 장 지오노)

파리 생제르맹 가의 레 되 마고.

피곤했지만 행동에는 빈틈이 없었다. 정확한 손놀림! 한 방울도 흘리지 않았다. 세자르가 마리우스에게 가르쳐주려 했던 것은 이러한 기술, 아니 예술이었다.

마지막 한 방울까지! 술병 목에 맺힌 한 방울이라도 소홀해서는 안 되네. 자네는 아직 멀었어. 그렇다고 마법사가 되라는 것은 아니야! (그는 카운터 위에 놓인 술병을 쥐고 다른 손으로 마개를 잡는다. 술병을 교묘하게 돌리면서 잔을 채운다.) 술병을 4분의 1 바퀴 쯤 돌리면서 술을 따르게. 그리고 병 입구에 맺힌 술 방울은 마개를 사용해서 다시 술병에 넣어야 하는 거야. (그는 말한대로 시범을 보인다. 오랜 경륜을 쌓은 대가답게!). 자네는 아마추어에 불과해. 그러나 아까운 술을 흘릴 수밖에…. 술을 핥아 먹을 수야 없지 않은가!
－《마리우스》, 마르셀 파뇰

밤이 늦었다. 마지막 손님이 카페 문을 나선다. 그러나 웨이터의 일은 아직 끝나지 않았다. 테라스에 내놓은 의자와 테이블을 정리해야 한다. 의자들을 하나씩 포개놓고 테이블들을 구석에 밀어놓는다. 그리고나서야 끝난다! 불을 끄고 카페 문을 닫는다. 그리고 평범한 시민으로 돌아간다. 주머니 속에서는 손님들에게 팁으로 받은 동전들이 부딪치는 소리가 기분 좋게 들린다.

축제

특별한 일이 있을 때마다 사람들은 카페에 모여 서로의 감정을 나누었다.
음악회를 전문으로 하는 카페가 생겨났고,
연극 공연이나 문학작품 낭독회가 행해졌다.
강 근처에 있는 카페들은 뱃놀이와 더불어 손님을 끌었다.

카페는 축제의 장소이기도 했다. 사람들은 기념할 만한 일이 생길 때마다 카페에서 축제를 벌였다. 2차 세계 대전이 끝났을 때, 독일의 치하에서 해방되었을 때, 비스트로의 테라스에서는 그 기쁨을 만끽하는 축제가 벌어졌다. 중요한 운동 경기에서 승리한 후나 신나는 거리의 축제가 끝난 후에 사람들은 카페로 몰려가 환희의 여운을 즐겼다. 시골에서도 마찬가지였다. 신혼부부를 앞세운 축하객들은 정해진 순서처럼 카페 뒤 상트르로 몰려갔다. 연극 공연의 전후에도 사람들은 카페에 들렀다. 게다가 막간에도 카페로 달려오는 관객이 있었다. 그 후 영화관이 대로변을 차지하면서 카페는 더욱 번창했다. 기분 전환은 카페에서 시작되어 비스트로에서 끝났다. 결국 카페는 우리가 배우고 관객인 작은 극장이 아니었을까?

주인은 손님들 못지않게 상상력과 역동성을 과시해보였다. 그 때문에 카페는 기상천외한 이벤트로 대중의 이목을 끌기 시작했다. 카푸신 가의 그랑 카페 드 파리에서는 뤼미에르 형제가 제작한 최초의 영화가 상영되었다. 역사적 가치는 떨어지지만 불가사의한 이벤트도 기획되었다. 예컨대 담배를 피는 푸들과 파이프를 빨아대는 사냥개를 전시하던 카페가 있었다면 믿겨지는가? 사실이었다. 덕분에 파리 중앙시장의 지척에 있었던 그 카페에는 '담배피는 개'라는 별명이 붙여졌다.

물론 점잖은 방향으로 나아간 카페도 많았다. 오케스트라나 가수의 공연을 곁들인 카페들이었다. 아리스티드 브뤼앙은 샤 누아르와 미를리통에서 카바레와 거리의 애환을 노래했다. 에디트 피아프를 비롯한 유명한 가수들도 비스트로를 돌아다니며 혹독한 훈련을 받았다. 작은 카페에서도 연극 공연과 시 낭송회가 벌어졌다. 바야흐로 카페가 민중 교육의 장이 되었던 셈이다. 레오 톨스토이는 마르세유를 방문했을 때 신분의 구별 없이 모두가 뒤섞여 어울리는 프랑스의 새로운 문화를 보고 놀라며 그 원인을 카페에서 찾았을 정도였다.

박물관, 공공도서관, 연극회관 이외에도 카페가 있다. 50상팀의 돈만 있으면 누구라도 들어갈 수 있다. 카페에는 음악도 흐른다. 매일 2만 5000명의 마르세유 시민이 그런 곳에서 시간을 보낸다. 역시 비슷한 수의 시민이 즐겨 찾는 작은 카페들은 계산하지 않은 것이다. 카페들마다 소규모 연극이

노르 주 에르젤르에 있는 한 유명한 카페에 설치되었던 오르간.

공연되고 시가 낭송된다. 어림짐작으로 계산해도 프랑스 국민의 5분의 1이

매일 생생한 목소리를 들으면서 교양을 쌓아가고 있는 셈이다.

옛날 그리스 인과 로마 인이 원형극장에서 교양을 쌓았듯이 말이다.

－《민중교육에 대하여》, 톨스토이

　　연극 공연과 축제의 전통은 카페 콩세르café-concert가 이어받

았다. 카페 콩세르는 음악을 듣거나 잡지를 보면서 음료를 마실

수 있는 카페의 총칭이었다. 카페 콩세르의 선조격인 카페 샹탕은

1770년대에 처음 등장했다. 통속음악을 주로 들려주던 그런 카페

오트손 주 상플리트의 민중예술 및 전통박물관에 재현되어 있는 시골 카페의 내부.

는 파리의 변두리 지역에서 발달했
다. 세금을 내지 않기 위한 방책이
었다. 그후 카페 콩세르가 몰려있던
파리의 게테 구역이 한동안 유명세
를 얻었지만, 정부를 비방하는 노랫
말에 분노한 나폴레옹(제1제정)이 카
페에서의 공연을 금지시키면서 카
페 콩세르의 시대는 단명으로 끝나
는 듯했다. 그러나 카페 콩세르는
19세기 후반에 다시 부활했다.

파리 앙비에르쥬 가에 있는 오 비외 벨빌에서
벌어진 축제 모습.

파리의 번화가 샹젤리제에 문을
연 카페 뒤 미디는 제2제정시대에
최고의 인기를 누렸다. 한편 마르세
유에서는 카페 데 바리에테와 카페
비보의 명성이 높았다. 카페 콩세르
는 프랑스 전역으로 퍼져나아갔다.

도시의 번화가만이 아니라 서민들이 모여사는 변두리에도 카페
콩세르가 세워졌다. 덕분에 노동자들도 싼 값에 가족과 함께 생생
한 공연을 관람할 수 있었다.

졸라의 《제르미날》에는 몽수에 있는 카페 콩세르 '볼캉'이 등
장한다. 카페의 한 구석에 오케스트라석이 마련되어 있었고, 벽은
꽃줄로 장식되었다. 공간이 허락되면 쌍쌍이 춤을 출 수도 있었다.

《제르미날》에 나오는 또 다른 카페 봉 주아이외는 두 공간으로
나뉘어졌다. 카운터와 테이블들이 있는 카바레가 있었고, 같은 층

의 커다란 문을 열고 들어가면 무도장이 있었다. 주변은 타일을 깔고 가운데만 마루판을 깐 간단한 무도장이었다. 그러나 천장의 모서리에서 모서리까지 대각선으로 종이 꽃줄을 교차시키고 두 꽃줄이 만나는 곳에 역시 종이로 만든 화관을 매달아 그런대로 멋진 분위기를 연출했다. 또한 벽은 성자들의 이름이 새겨진 황금빛 문장紋章으로 장식되었다. 금속을 다루는 노동자의 수호성인 성 엘리지오 주교, 구두 제조업자의 수호성인 성 크레팽, 광부의 수호성인 성녀 바르브 등이었다. 물론 기업체에서 발행한 달력도 가지런히 걸려있었다. 천장은 너무 낮아 세 명의 악사가 높은 무대에 앉으면 머리가 닿을 지경이었다. 저녁이 되면 네 구석의 석유 램프에 불을 밝혀졌다. 모든 것이 환하게 보였다. 발그스레한 볼, 헝클어진 머리카락, 펄럭이는 치마, 심지어 땀에 젖은 쌍쌍의 땀 냄새까지 보이는 듯했다.

　　그러나 아주 사소한 것이 카페 주인을 화나게 만들었다. 손님들은 마실 것 하나를 주문하고 그것으로 끝이었다. 대부분의 손님이 음료 하나를 테이블 앞에 두고 죽치고 앉아 있었다. 주인은 웨이터에게 테이블을 돌며 새로운 주문을 받게 했다. 그러나 그것만으로도 충분치 않았다. 오래 앉아 있는 손님들에게 의무적으로 두 번째 잔을 주문하라는 벽보를 눈에 잘 띄는 곳에 붙이기도 했다. 물론 이 방법도 그다지 효과가 없었다. 곳곳에서 말다툼이 벌어졌고 결국 정부가 나서야 했다. 1864년 5월 28일, 정부는 카페 콩세르의 주인에게 음료의 재주문 강요를 금지시키는 법안을 발표했다. 거기에 극장을 보호하기 위해서 카페는 정식으로 무대까지 차려놓고 연극이나 음악회를 개최할 수 없다는 법안까지 발표했다.

두 조치는 카페 콩세르에 치명적인 타격이었다. 당연히 공연의 질이 떨어질 수밖에 없었다. 그때부터 카페에서 연주와 음악이 사라지기 시작했다. 그저 손님들이 웅성대는 소리만이 들릴 뿐이었다. 이 때문에 사람들은 이런 카페들에 '뵈글랑'(소가 음메하며 우는 소리)이란 별명을 붙여주었다. 그러나 알카자르와 바타클랑과 같은 카페 콩세르는 옛 명성을 잃지 않고 어려운 시기를 성공적으로 이겨냈다.

강가의 카페

강변에도 카페가 있었다. 그런 카페에 간다는 생각만으로도 가슴이 설레일 정도였다. 찾아가는 길이 시골길을 걷는 듯한 기분을 안겨주었기 때문이다. 도심에서 얼마 떨어지지 않은 곳에 있는 낙원이었다! 봄 햇살이 따사로운 곳이었다. 뱃놀이하려는 사람들은

이블린 주 망트라졸리에 있는 카페 르 생로랑의 음악가.

카페의 테라스에 앉아 따뜻한 봄볕을 즐겼다. 선원처럼 하얗고 푸른 줄무늬 스웨터를 입은 웨이터들이 주문을 받았다. 아늑한 분위기! 테이블마다 웃음꽃이 피었다. 웃음소리가 그치지 않았다. 가벼운 소동은 즐거움을 더해줄 뿐이었다.

나룻배 몇 척이 부교에 정박되어 있으면 사람들은 술이나 커피를 마신 후에 뱃놀이를 나갔다. 남자들은 근육을 내보이며 힘을 자랑했다. 뱃놀이가 끝나면 수상 카페의 축제가 본격적으로 시작되었다. 피아노와 아코디언에 맞춰 춤판이 벌어졌다.

> 붉은 옷을 입고 커다란 밀짚모자를 쓴 사내가 피아노 앞에 앉아 왈츠를 연주하자, 이베트는 남자 짝의 허리를 붙잡고 미친 듯이 춤을 추기 시작했다. 그들은 열정적으로 춤을 추었다. 모두가 그들을 지켜보았다. 사람들은 컵을 부딪치며 박자를 맞추었고, 테이블 위로 올라가 발로 박자를 맞추기도 했다. 피아노 앞의 사내도 열정적으로 건반을 두드려댔다. 커다란 모자로 감춘 얼굴과 온몸을 미친 사람처럼 흔들어댔다. 갑자기 그가 연주를 멈추었다. 그리고 의자에서 미끄러지듯 땅바닥에 주저 앉았다가 아예 벌렁 드러누웠다. 피곤해 죽을 지경이라는 듯 모자를 더 깊이 눌러썼다. 커다란 웃음소리가 터졌다. 모두가 박수로 환호해주었다.
>
> -《이베트》, 기 드 모파상

이렇게 행복한 시대도 어느덧 흘러갔다. 뱃놀이의 인기가 시들해지면서 강가의 카페도 거의 문을 닫았다. 지금은 파리 교외의 마른Marne 강과 센Seine 강의 주변에 서너 집이 남아 옛날의 향수를 지켜가고 있을 뿐이다.

도박

다양한 게임은 카페가 손님을 끄는 유인책이었다. 카드 게임, 주사위 게임이나
전통 놀이까지, 사람들은 곳곳의 카페에서 도박을 즐겼다.
그리고 당구는 한때 카페에 드나드는 가장 큰 이유가 될 정도로 인기를 끌었다.
그리고 라디오와 텔레비전의 발전으로 더불어 경마의 시대가 열렸다.
그러나 불법 도박이 횡행하였고, 몇몇 카페는 단속에 문을 닫아야했다.

어떤 식으로 손님을 유혹할까? 손님들이 술을 마시면서 오랫동안
카페에 머물게 할 방법이 무엇일까? 카페 주인들이 풀어야 할 영
원한 숙제였다. 치열한 경쟁에서 살
아남으려면 다른 카페와 다른 점이
있어야 했다. 가장 손쉬운 방법은
도박이었다. 이것으로 즐거움을 더
해주어야 했다. 이미 계몽주의 시대
부터 호화로운 카페의 단골손님들
은 카드 게임과 주사위 게임에 빠져
있었다.

생마르탱 운하 근처의 카페에서 카드
게임을 하고 있는 뱃사공들.

    디드로도 이런 도박을 구경하려

카페 드 라 레장스를 즐겨 찾았다. 그곳에서 카드 게임을 구경하고 있으면 시간가는 줄을 몰랐다. 파리가 세상의 중심이라면, 카페 드 라 레장스는 세상에서 카드를 가장 잘 치는 사람들이 모이는 곳이었다.(《라모의 조카》, 디드로)

트릭트랙(주사위 게임)과 휘스트(카드 게임)를 즐기는 애호가들이 많았다. 카페 주인의 전략은 대성공이었다. 도박판이 부족할 지경이었다. 따라서 뻔뻔하지 않으면 도박판에 낄 수도 없었다. 다른 테이블에는 언제나 도미노 조각이 준비되어 있었다. 도미노는 아주 실리적인 게임이었다. 특별한 장소가 필요없었고 많은 돈이 드는 것도 아니었다. 그래서 카페 주인은 여러 벌의 도미노 상자를 비치해두었다.

최고 인기 오락

당구는 폭발적인 인기를 누린 새로운 오락거리였다. 카페 주인들은 곧바로 당구대를 카페에 들여놓으며 기민하게 대응했다. 예상대로 당구대는 엄청난 손님을 카페로 불러모았다. 19세기에는 웬만한 카페에 당구실이 별도로 갖추어질 정도였다. 카페 주인들은 진열창에 도자陶瓷로 '당구대가 있습니다!'라고 큼직하게 써두고 손님들을 유혹했다. 파리에는 '오 카트르 비야르Aux Quatre Billards'(당구대 넷)라는 이름의 카페까지 생겼다. 당구대가 무려 40대나 준비된 카페도 있었다. 손님들은 당구에 광적으로 빠져들었다. 사람들의 몸짓, 아쉬움과 기쁨의 탄성, 당구알이 구르는 궤적과 부딪치는 소리! 언젠가부터 이런 것들이 카페에 흐르던 음악을 대신하게 되었다.

당구는 뜨내기 배우가 많은 사람 앞에서 재주를 과시할 수 있는 좋은 기회였다. 닳아서 해진 벨벳 의자, 글로리아로 누렇게 얼룩진 대리석 테이블, 그리고 담배 연기로 자욱했지만 중앙시장의 아가씨들이 즐겨 찾는 카페가 있었다. 《파리의 중심》의 쥘은 그곳에서 짐꾼, 상점 직원, 하얀 작업복에 벨벳 모자를 쓴 사내들의 대장 노릇을 했다. 그는 관자놀이에 애교머리처럼 털을 기르고 다녔다. 게다가 매주 토요일이면 되제퀴 가에 있는 이용실에서 머리카락을 다듬어 하얀 목을 유감없이 드러냈다. 그리고 카페에 모인 사람들에게 우아한 모습, 정확히 말하면 엉덩이를 바싹 치켜들고 팔과 다리를 동그랗게 모아서 초록빛 당구대에 반쯤에 엎드려 허리가 돋보이도록 구부린 자세로 당구 시범을 보였다.

당구는 처음에 대도시에서나 볼 수 있는 품위 있는 오락거리였지만 점점 시골 카페까지 전파되었다. 욘느 주 베즐레에 있는

왼쪽| 파리 르드뤼 롤랭 가에 있는 비스트로 뒤 펭트르의 간판.
　　당구대가 있다고 써놓았다.
오른쪽| 당구 경기의 새로운 규칙을 소개한 신문.

성 마들렌 대성당의 복원 작업을 지휘한 건축가 비올레르뒤크도 현장 인근에 있는 허름한 술집에 들러 파리에서 즐기던 당구를 쳤다고 전해진다.

다양한 도박꺼리와 경마의 시대

시골 사람들은 카드 게임에 더욱 열을 올렸다. 피케, 에카르테, 마니유 등 다양한 게임이 벌어졌다. 카드 게임이 벌어지는 테이블 옆에는 언제나 사람들이 들끓었다. 용기를 북돋워주는 응원과 빈정대는 소리가 쉴새없이 반복되었다. 도박판에는 속임수를 쓰는 사람이 있기 마련이었다. 수상쩍은 행동이나 구경꾼의 지나친 훈수는 곧바로 주먹다짐으로 이어졌다. 게다가 여자가 남편에게 몰래 눈짓이라도 보내면 그것으로 도박판은 파장이었다!

> 여자들은 백포도주를 마시면서 몇 시간을 말없이 보냈다. 가령 도박판에 끼어든 남편을 돕겠다는 생각으로 다른 사람의 패를 보고 남편에게 몰래 신호라도 보내면 거의 언제나 난투극이 시작되었다. 의자가 날아가고 병들이 날아왔다. 심지어 칼을 휘둘러대고 목을 졸라 죽이겠다며 넥타이를 풀고 덤비는 사내까지 있었다. 그야말로 야만인이 따로 없었다.
> ─《하사관의 이야기》, 에밀 에르크만·루이 알렉산드르 샤트리앙

자케(주사위 게임)와 로토(숫자 맞추기 게임)도 한동안 유행한 오락거리였다. 고리던지기와 팽이도 상당한 인기였다. 주사위 게임은 손에 땀을 쥐게 만들었다. 주사위가 트랙에 던져지면 모두가

반 고흐가 1888년에 그린 〈밤의 카페〉. 당구대가 카페의 한가운데에 놓여 있다.

숨을 숙이고 승리의 수, 4-2-1이 나오기를 바랐다. 날씨가 허락하면 카페 밖에서 비석치기를 했다. 고유한 놀이를 전통으로 이어온 마을들도 있었다. 그림처럼 아름다운 놀이를 즐기는 마을도 있었지만 기상천외한 놀이를 하는 곳도 있었다.

노르 주 사람들은 공휴일이면 방울새 울리기 시합을 벌였다. 방울새 울리기 시합의 참가자는 마르쉐엔의 못공장에서 일하는 일꾼 열다섯 명이었다. 각자에게 열두 개의 새장이 주어졌다. 눈을 가린 방울새가 들어있는 작은 새장들은 이미 술집 밖 산울타리에 매달려 있었다. 한 시간동안 가장 맹렬하게 울어댄 새의 주인이 승리하는 놀이였다. 일꾼들은 각자의 새장 뒤에 서서 매서운 눈빛으로 옆사람들을 살펴보았다. 마침내 게임이 시작되었다. 방울새들은 처음에 수줍은 듯이 아주 간헐적으로만 울었지만 점점 서로 상대를 자극하면서 빠른 속도로 울어댔고, 마침내는 경쟁이라도 하듯이 치열해졌다. 울다가 지친 방울새들은 하나씩 쓰러지며 헐떡였다. 그러나 일꾼들은 울음소리를 흉내내며 새를 맹렬하게 몰아세웠고, 발론 어로 계속해서 울라고 소리쳤다. 약 백여 명의 구경꾼들은 숨을 죽인 채, 180마리의 새들이 똑같은 속도로 반복하는 죽음의 음율을 듣고 있었다. 마침내 승부가 결정되었고 최후의 승자에게 연철 커피포트가 상으로 주어졌다.(《제르미날》, 에밀 졸라)

술집 마당의 구석에 투계장이 앞다투어 설치되기도 했다. 돈을 건 사람들이 지켜보는 가운데 수탉들은 피비린내나는 혈투를 벌여야만 했다.

다양한 게임이 더 많은 사람을 카페로 불러들였다.

그리고 경마의 시대가 시작되었다. 카페가 새로운 호황을 맞았다. 특히 일요일 아침에는 발디딜 틈조차 없었다. 사람들은 경마 기사가 실린 신문을 읽으려 카페를 찾았다. 그리고 그 정보가 담긴 부분을 조심스레 뜯어냈다. 경마에 출전하는 말의 장단점이 상세하게 분석되었고 조그만 정보라도 소홀히 취급되지 않았다. 배당액을 높이려 여러 사람이 편을 지어 돈을 걸기도 했다.

카페에 경마 중계용 라디오가 설치되었을 때와 마찬가지로, 경마 중계용 텔레비전이 처음으로 설치되었을 때 경마광들은 모두가 카페로 몰려들었다. 모두 잔을 기울이며 출발 시간을 초조하게 기다렸다. 출발 시간이 되면 긴장감은 최고조에 달했다. 아무도 화면에서 눈을 떼지 못했다. 경기가 시작되었다. 흥분이 더해 갔다. 승부가 결정나는 순간, 승자는 환성을 내질렀고 패자는 한숨을 내쉬며 욕설을 내뱉었다. 경마가 진행되는 동안 실내 축구를 즐기거나 화살 던지기 게임으로 정확성을 겨루기도 했다.

그후 혼자서 즐기는 전자오락 게임, 특히 현대 오락의 왕자로 군림하고 있는 핀볼의 시대가 도래했다. 빛이 번쩍거리고, 공이 제멋대로 굴러가 모서리에 닿을 때마다 요란한 소리를 내며 점수를 순간적으로 계산해내는 핀볼! 그 화려한 소리와 모습도 이제 카페의 단골손님들에게 익숙하기만 하다.

금지된 오락

도박이 카페의 황금시대를 이끌었지만 한편으로는 평판을 더럽힌 원인이기도 했다. 영업시간이 끝난 후 뒷방에서 법으로 금지된 바

카라나 룰렛과 같은 도박이 벌어졌기 때문이었다. 판돈은 상상을 초월했다. 분위기에 이끌려 큰 돈을 거는 사람이 적지 않았다. 카페의 구석방에서 은밀히 행해지는 도박이 모든 다툼과 범죄의 원인이었다.

19세기 말, 《르 푀플 드 마르세유》는 카페에서 거의 공공연히 벌어지고 있던 도박을 맹렬히 비난하고 나섰다. "라칸비에르의 커다란 카페에서 순진한 사람들의 돈을 갈취하는 도박이 성행하고 있다. 경찰은 이런 사실을 잘 알고 있으면서도 판돈의 10분의 1을 상납받는 조건으로 눈감아주고 있는 것이 현실이다." 결국 정직한 경찰들이 나섰다. 검문검색과 단속이 강화되었다. 그리고 도박판을 벌인 것으로 확인된 여러 카페는 영원히 문을 닫아야 했다.

민중

카페는 나라의 의견이 모이는 곳이었다. 서로 다른 의견을 주고받으며
자유로운 토론의 장이 되었다. 때로는 같은 의견을 가진 사람들만 모이는 카페도
있었으며, 정치인들은 그런 카페를 자신들의 기반으로 삼았다.
국가도 여론의 흐름을 파악하기 위해 카페를 감시하였으며,
일반 시민에게 카페는 정치교육의 현장이나 마찬가지였다.

카페의 여왕이 음료였다면 카페의 왕은 언어였다. 이 때문에 발자
크는 비스트로를 '민중의 의회'라 칭했다. 여기에는 이중의 의미
가 담겨 있다. 첫째, 카페는 신분을 떠나서 모든 사람에게 개방된
공간이며 누구라도 자유롭게 의사를 표현할 수 있다는 뜻이었다.
둘째, 카페가 극단적으로 정치화된 공간임을 암시해주기도 한다.
정치평론가 이폴리트 카스티유Hyppolyte Castille도 카페를 '민주주
의 살롱'이라 정리하며 발자크의 정의에 동의를 표했다. 실제로
카페와 비스트로는 한동안 반체제적 사상이 거침없이 논의되던
정치의 현장이었다. 오늘날 이런 정치적 색채는 거의 사라져버렸
다. 각자가 지지하는 정당의 승리를 위한 정겨운 담소의 장으로
변해버린 카페는 이제 주흥酒興의 장일 뿐이다.

제국시대와 공화주의

카페는 혁명적 사상을 전파하는데 결정적 역할을 해냈다. 프랑스 대혁명(1789년)의 열기가 지나간 후 카페의 세계는 나폴레옹 지지자와 왕정주의자로 양분되었다. 열띤 토론이 벌어졌고 걸핏하면 난투극으로 발전되었다. '전쟁의 카페'라는 이름이더라도 제국시대에는 무척이나 평온하고 안락해, 명망 높은 점잖은 신사들이 곧잘 하나가 되어 정담을 나누던 곳이라도 부르봉 왕조를 향한 아쉬움 때문에 '평화의 카페'로 이름을 바꾼 후부터는 오히려 매일 주먹다툼이 벌어졌다.(《농민》, 오노레 드 발자크)

랑드 주 라바스티드다르마냐크에 있던 카페 뒤 푀플,
즉 '민중의 카페'.

그때부터 카페는 신문 종류를 가려서 비치했다. 그 카페를 드나드는 손님들의 성향에 일치하는 신문만을 갖춰놓을 뿐이었다. 조금이라도 다른 생각을 품은 사람은 접근조차 할 수 없었다.

도시마다 '카페 밀리테르' 라는 이름의 카페가 있다. 장교의 미망인이 아름 광장의 성벽 끝에서 운영하는 그 카페가 이수댕의 보나파르트 지지자들, 반급半給을 받는 장교들, 막스의 주장에 동조하는 사람들, 한마디로 이수댕에서 나폴레옹 황제를 지지하는 사람들의 클럽이 된 것은 당연한 결과였다. 그 카페는 1816년 처음 문을 열었다. 그후 매년 나폴레옹의 즉위식 날이면 그곳에 축제가 벌어졌다. 어느날 아침 일찍 그 카페를 찾아온 세 왕정주의자들은 여급에게 신문을 달라고 했다. 《코티디엔》과 《드라포 블랑》 이었다. 그러나 이수댕의 여론이 집약된 카페 밀리테르에 왕정주의자의 의견을 대변하는 신문이 있을 리가 없었다. 《르 코메르스》, 정확히 말하면 강제 폐간된 《르 콩스티튀시오넬》이 이름을 바꿔 편법으로 발간하던 신문밖에 없었다. 그래서 카운터 뒤의 여급은 왕정주의자에게 그런 신문은 없다고 대답했다. 대위 계급을 달고 있는 사내가 '그럼 무슨 신문을 보십니까?' 라고 물었다. 그때 푸른 깃발 무늬가 있는 상의를 입고 커다란 앞치마를 허리에 맨 웨이터가 그들에게 《르 코메르스》를 갖다주었다. 대위가 '아, 이 신문을 보는구먼, 다른 신문은 없소?' 라고 물었다. 웨이터는 '다른 신문은 없습니다. 이 신문뿐입니다' 라고 대답했다. 그러자 대위는 《르 코메르스》를 찢어대고 그 신문에 침을 뱉어대며 '도미노 게임이나 하세!' 라고 말했다.

파리 자크 칼로 가에 있는 카페 라 팔레트.

합리적인 정신으로 성직자들을 용기있게 공격한 성스러운 신문,

입헌주의와 자유주의를 신봉하는 신문에 왕정주의자들이 씻을 수 없는

모욕을 가했다는 소식이 순식간에 이수댕에 퍼져나갔다. …

막스는 포텔 소령과 르나르 대위를 데리고 카페로 쳐들어갔다.

게다가 이 사건의 목격자가 되려고 아름 광장에 몰려왔던 서른 명 정도의

청년들까지 그들의 뒤를 따라 카페에 들어오자, 카페는 그야말로

발 디딜 틈이 없었다. 막스는 점잖은 목소리로 말했다.

'이보게, 내 신문을 갖다주겠나?' 연극이 시작된 셈이었다. 여급이

근심스런 목소리로 '다른 사람이 보고 있는데요'라고 말했다. 막스의 한

동료가 '당장 찾아와요!'라고 버럭 소리를 질렀다. 그러자 웨이터가

'오늘은 그냥 넘기시죠. 신문이 없어졌습니다'라고 대답했다. 세 젊은 장교가

카페에 몰려든 부르주아를 긴장한 얼굴로 지켜보았다. 그때 마을의 한 청년이

왕정주의자 대위의 발밑을 가리키면서, '저 사람이 신문을 찢었어요!'라고

소리쳤다. 막스가 우레와 같은 목소리로 '누가 감히 신문을 찢었단 말이야?'

라고 소리쳤다. 그의 눈에서 불길을 치솟는 듯했다. 세 젊은 장교가 의자에서

일어나 막스를 쳐다보며 '우리가 침까지 뱉었소!'라고 말했다. 막스의 얼굴이

새파랗게 변하며 '당신들은 우리 마을을 모욕한 것이나 마찬가지요'라고

말하자, 한 젊은 장교가 '그래요? 그래서요?'라고 물었다. 순간 막스의 손이

번개처럼 움직였다. 그 청년들이 전혀 예상하지 못했던 일이었다. 막스는

대담하게도 앞에 선 청년의 따귀를 두 번씩이나 때렸다. 그리고 이렇게

덧붙였다. '프랑스 어를 모르지는 않겠지? 프라페슬 길에서 결투를 벌이자구,

3 대 3으로!'

-《여자 낚시꾼》, 오노레 드 발자크

자유로운 토론의 장

정부는 카페에 감시의 눈길을 늦추지 않았다. 반체제 사상들이 바로 카페를 중심으로 확산되었기 때문이다. 실제로 카페는 반체제 사상가들의 소굴이었다. 그들은 익명으로 정부에 신랄한 비난을 퍼부었다. 카페의 단골손님들, 특히 현실과의 타협을 모르는 젊은 이들은 세상을 다시 만들겠다는 원대한 꿈을 품었다.

팔레 광장에 있는 카페 드 뤼니옹에는 경제학, 법학, 의학을 전공한 대학생, 요컨대 현실에 불만을 품고 있는 사람들이 모였다. 담배 연기로 자욱한 카페의 흐릿한 호롱불 아래, 방수포가 덮인 작은 테이블을 중심으로 옹기종기 모인 그들은 열정에 떨리는 목소리와 반짝이는 눈동자로 격렬한 토론을 벌였다.(《파이욜의 후작》, 제라르 드 네르발)

공화주의자들의 열정은 대단했다. 이제르 주 망스에서 '공화국의 열렬한 옹호자'를 자처한 장인들은 그들만의 비스트로를 열었다. 제2제정 시대가 되면서 경찰의 감시는 더욱 강화되었다. 담

담배tabac 가게를 겸한 카페의 흔적을 알려주는 지붕 끝머리의 색바랜 간판.

배 가게를 겸한 카페의 주인들은 영업권을 취소당할 수도 있었지만 공화주의에 대한 열정을 조금도 감추지 않았다. 사회주의자들이 카페에 투자했다는 소문까지 나돌았다. 따라서 러시아의 혁명가 바쿠닌이 리옹에 있는 카페 브로쉐에서 허무주의 사상을 설파했다는 것도 놀라운 일은 아니었다.

마침내 제정시대가 종언을 고하고 사회주의자 등 파리코뮌의 지지자가 카페의 테라스를 잠깐 차지했지만, 결국 공화주의가 승리를 거두었다. 카페에 다시 자유가 찾아왔다. 표현의 자유가 보장되며 카페를 찾는 손님도 늘어났다. 커다란 사건이 생길 때마다 카페에서는 자유로운 토론이 열기를 뿜었다. 드레퓌스 사건이 터졌을 때, 드레퓌스를 옹호하는 사람들과 그를 비난하는 사람들이 카운터에 기대서서 열띤 언쟁을 벌였다. 그러나 과거의 카페와는 달랐다. 단정적인 주장으로는 진정한 토론이 이루어질 수 없다는 사실을 모두가 알고 있는 듯했다. 한편 같은 시기에 에밀 졸라는 카페 뒤랑에서 드레퓌스 대위를 옹호하는 열변을 토하고 있었고, 그 카페에서 《나는 고발한다》를 썼다.

'아 아르메 프랑세즈' 라는 지역에서 유명한 카페가 있었다. 도시의 소란스런 애국자와 반유태주의자가 저녁마다 모임을 갖는 곳이 되었다. 그들은 육군의 하급장교나 해군의 하사관과 어울려 술을 마시면서 우애를 나누었다. 과거에는 피를 부른 난투극이 있었고, 하급장교들이 걸핏하면 칼을 꺼내들고 상상 속의 배신자를 죽이겠다고 위협했던 곳이었다.

프랑스에서 드레퓌스 사건이 터졌던 날 저녁, '프랑스군 만세!', '유태인에게 죽음을!' 이란 함성소리에 그 조그만 카페의 천장이 무너져 내릴 것만 같았다. 조제프라는 한 청년은 그 도시에서 이미 상당한 명성을 얻고 있었지만 그날 저녁을 계기로 최고의 유명인사가 되었다. 그는 테이블 위에 올라가 이렇게 소리쳤다.

'그 배신자가 죄인이라면 단두대에 올립시다! 그 배신자를 사형을 처하십시다!'

사방에서 그의 의견에 동조하는 함성소리가 들렸다.

'옳소! 옳소! 사형에 처합시다! 프랑스군 만세!'

조제프의 연설은 카페의 군중을 열광의 도가니로 몰아넣었다. 칼이 부딪치는 소리, 주먹으로 대리석 테이블을 때리는 소리만이 들렸다. 그때 누군가 조제프에게 야유를 퍼부었다. 그러자 조제프는 그에게 달려들며 주먹질을 해댔다. 그의 입술이 찢어지고 이빨이 다섯 개나 부러졌다. 그 불쌍한 청년은 칼등에 얻어맞고 반쯤 피투성이가 된 채 쓰레기처럼 길거리에 내던져지고 말았다.(《한 카페 여급의 일기》, 옥타브 미르보)

실제로 정치적 인물들은 카페에 수시로 드나들었다. 그들은 카페에서 여론을 수집했다. 프로코프는 강베타가 즐겨다닌 카페였고, 카페 유럽은 클레망소의 단골이었다. 참신한 정보와 흥미로운

마네가 1879년에 그린 〈맥주집 여급〉.
파리 오르세미술관.

위왼쪽| 발두아즈 주 쇼시에 유일하게 남아 있는 카페의 생맥주 펌프.
위오른쪽| 지방신문의 판매를 알리는 에나멜 간판이 센에마리팀 주 시니앙브레에 있는 한
　　　 카페 입구에 아직도 붙어 있다.
아래왼쪽| 보쥬 주 엘루아 마을에 있는 카페 드 라 모젤.
아래오른쪽| 칼바도스 주 빌레빌에 있는 카바레 노르망.

소식을 찾아헤매던 기자들도 카페에 수시로 드나들었다. 파리의
식당을 겸한 카페 르 크루아상은 젊은 왕당파 무리가 사회주의자
들과 허물 없이 뒤섞인 곳이었으며, 기자들이 온갖 정파의 정치인
과 만나는 곳이었다. 또한 1차 세계 대전이 발발하기 전 날, 즉
1914년 7월 31일 광신적 민족주의자 라울 빌랭Raoul Villain이 장
조레스Jean Jaurès를 권총으로 암살한 곳도 바로 이 카페였다.

　카페는 자유의 전당이었다. 그 어느 때보다도 자유롭게 자신
의 의사를 표명할 수 있었다. 일부 지도자는 세력을 확대시키기
위해서 카페를 중심으로 조직을 결성하기도 했다. 가령 샤를 모라
스는 카페 드 플로르에서 '악시옹 프랑세즈'를 창설했다. 노동조

합 지도자들이 카페 뒤 프로그레에서 파업의 계획을 천명하자 곧이어 노동자가 밀물처럼 이 카페로 몰려와 민중전선의 승리를 꿈꾸었다. 이런 모습은 최근에도 보인다. 혁명을 꿈꾸며 그들의 이상을 굳게 믿었던 젊은이들은 라틴 구역의 비스트로에서 삼삼오오 짝을 지어 새로운 사회의 골격을 만들어갔다.

정치와의 접점

시골에서 카페는 교회나 공립학교처럼 결코 없어서는 안 될 중요한 장소였다. 사람들은 카페에서 신문을 읽었다. 가십거리가 그들의 호기심을 만족시켜주었다면 정치에 대한 소식은 그들의 열정을 뜨겁게 달구어주었다. 보클뤼즈 주 카르팡트라의 한 비스트로에서 있었던 한 장면이 그런 열정을 확연하게 증명해준다.

> 테이블 하나에 10여 명의 농부들이 둘러앉아 술을 마시고 있었다.
> 그들 곁에는 몽둥이가 줄지워 세워져 있었다. 이 마을 출신인 듯한 청년이
> 커다란 목소리로 《콩바》의 기사를 읽고 있었다. 청년은 한 문장을
> 읽을 때마다 그것을 프로방스 어로 번역해주었다. 그때마다 농부들은
> 박수를 치며 환호성을 올렸다.
> – 《붉은 나라로의 여행Voyage au pays rouge》, 프랑수아 베레François Beslay

정치인의 선거운동에서 카페는 결코 무시할 수 없는 세계였다. 정치인들은 유권자를 만나러 카페에 수시로 드나들었다. 그들의 정견을 발표하고 술값을 대신 지불해주는 것만큼 표를 얻는 확

실한 방법이 없었다. 외젠 베버는 《농토의 끝》에서 '프랑스 보통 선거의 풍습'에 대한 알렉상드르 필랑코Alexandre Pilenco의 연구 결과를 재인용하고 있다. 연구 결과는 실로 놀라웠다! 알코올의 소비량이 선거를 몇 주 앞두고 계속해서 증가했던 것이다. 가령 1902년의 선거를 두 달 정도 앞두고 파드칼레 주의 몽트레유에서 확인된 알코올 소비량은 충격적이었다. 독한 술만 해도 유권자 일인당 150잔으로 증가한 것이었다. 그야말로 술의 전쟁이었다. 투명한 독주와 붉은 포도주의 전쟁이었다.

그러나 민주주의가 성숙해지면서 이런 전쟁도 누그러졌다. '공화국'이란 이름을 내건 카페가 마을의 중심지에 들어섰다. 광적인 대립이 사라지고 화합이 그 자리를 대신했다. 카페는 기쁨과 환희가 있는 곳으로 바뀌었고, '자유, 평등, 박애'라는 슬로건이 가장 어울리는 세계가 되었다.

친구들과 함께

카페에서 시간을 보내는 것은 정치 토론을 위해서만이 아니었다. 카페를 찾는 진정한 목적은 세상 사람들을 만나는 데 있었다. 카페에서는 조용히 자기만의 시간을 가질 수 있었지만 친구들과 어울릴 수도 있었다. 실제로 만남을 위해서 카페를 찾는 사람들이 많았다.

문을 열고 들어가 음료를 주문한다. 그리고 다른 손님들과 하나가 되어 대화를 즐긴다. 의자 끄는 소리, 술잔이 부딪치는 소리! 이에 맞추어 술꾼들의 목소리도 점점 높아진다. 그들은 모든 것에 대해 이야기를 나눈다. 감출 것이 없다. 근심걱정을 털어낸 시원시원한 목소리다. 화제가 겹치고 겹쳐 횡설수설처럼 들린다. 직장, 정치, 스포츠, 이웃사람 등 모든 것이 화제다. 그러나 중대한 문제를 상의할 때에는 목소리도 진지해진다. 낯익은 손님들끼리는 개인적인 문제까지 상의한다. 때로는 외설스럽고 빈정대는 말투가 들리지만 걱정할 것은 없다. 당사자들끼리는 충분히 양해된 것이니까! 대화가 점점 노골적으로 변해간다. 그렇다고 만취하지 않는 한 걱정할 것은 없다. 그러나 지나치지 않도록 조심해야 한

벽타일과 인조가죽을 씌운 의자로 꾸며진 카페 드 라 플라스는 마엔 주 샤토콩티에의 자랑거리 중 하나다.

다. 자칫하면 좋은 관계가 깨질 수도 있기 때문이다.

카페에는 시와 낭만이 있었다. 우리 심금을 울리는 멋진 표현들, 유명한 '카운터의 짤막한 경구들'이 바로 카페에서 탄생되었다. 서민들의 카페에서만 통용되는 언어들이 있었다. 기쁨과 슬픔으로 점철된 일상사가 진솔하게 표현되었다. 허구는 윤곽을 두드러지게 강조해 민중을 놀라게 만들고 본연의 모습을 겉치레로 감출 수는 있겠지만, 진실보다 감동적일 수는 없는 법이다. 인간의 진솔한 모습은 약간의 상스런 어투와 과장된 몸짓에서 드러나기 마련이다. 카페도 바로 그런 곳이었다.

카페는 살롱의 명성을 퇴색시켰지만 살롱은 카페의 인기를 퇴색시키지 못했다. 겉모습만으로 보면 카페를 어찌 살롱에 비교할 수 있겠는가? 그러나 카페만이 갖는 특징이 있었다. 카페는 로마의 개선장군처럼 '그대는 파리의 얼굴'이란 찬사를 곧잘 들었다. 카페는 진정한 정신이 깃들어 있고 통쾌한 웃음으로 가득한 곳인 반면에 살롱의 정신은 가식일 뿐이었다. 상투적인 억지 웃음만이 지배하는 생기 없는 공간일 뿐이었다. 거짓된 재능은 카페에서 통하지 않았다. 요컨대 카페는 진솔함과 순간적인 재치의 세계인 반면에, 살롱은 창조력 없는 이해의 공간일 뿐이었다. 카페는 우리에게 베를렌의 감미로운 시와 모레아스의 순수한 시를 음미하게 해주었지만, 로베르 드 몽테스키외의 살롱은 우스꽝스런 시인들만이 득실대는 곳이었을 뿐이다.(《살롱과 일기》, 레옹 도데)

카페 관련법, 그 기나긴 역사

카페는 처음 생겨난 순간부터 철저한 감시의 대상이 되었다. 권력자들은 틈만 나면 음모를 획책하는 선동가들이 드나드는 이 혁명의 온상에 경계심을 늦추지 않았다. 도둑과 사기꾼도 카페를 거점으로 삼았다. 종교와 미풍양속을 보호한다는 명목으로, 카페는 교회나 성당의 예배 시간에는 문을 닫아야만 했다. 게다가 창녀와 떠돌이는 카페에 접근조차 할 수 없었다. 문을 열고 문을 닫는 시간까지 정해져 있었다. 그러나 혁명

파리 자크 칼로 가에 있는 카페 라 팔레트.

이 일어난 후 기업 활동의 자유를 보장하는 1791년 3월의 법안이 통과되면서 이런 통제도 완화되었다.

세법이 정비된 1816년부터 주류 소매인들은 관할 세무서에 개업신고를 하면 그만이었다. 그러나 19세기 후반이 되면서 카페는 다시 한번 엄격한 관리 대상이 되었다. "카페와 카바레 등 주류 소매업소의 폭발적 증가가 무질서와 도덕적 타락을 부추기고, 특히 시골에서 이런 업소들이 비밀 회합의 장소가 되거나 비밀단체의 지부로 변해가며 불온한 생각들을 바람직하지 못한 방법으로 확산시키고 있다는 점에 비추어볼 때" 당국이 카페의 확산을 좌시할 수는 없었다. 따라서 1851년 12월 29일 법령에 의하면 주류 소매업자는 도지사의 승인을 받은 뒤에야 개업할 수 있었다.

나폴레옹 3세는 이 법안의 유지에 신경을 곤두세웠다고 한다.

　입법가들은 곧 새로운 문제점을 깨달았다. 프랑스 국민의 정신을 병들게 만드는 알코올 중독과의 전쟁이 무엇보다 시급한 과제였다. 국가의 존망이 달린 문제이기도 했다. 제3공화국 정부는 더욱 강력한 조치를 취했다. 학교, 병원, 공동묘지 주변에 주류 소매업소를 금지시켰고, 사전허가제를 의무 조항으로 강화했다. 1915년 11월 9일의 법안은 엄격하기 이

발두아즈 주 오베르쉬르우아즈에 있는 오베르쥬 라부.

를 데 없었다. 23도 이상의 술을 판매하는 술집의 신규 허가를 무조건 금지했다. 게다가 알코올 도수에 따라 술을 여러 종류로 분류했다.

그리고 1차 세계 대전이 일어났다. 시민의 건강 향상이 조국의 재건이라는 기치 아래, 카페가 다시 공격의 표적이 되었다. 알코올 판매가 거의 이십 년 동안 제한적으로 금지되었다. 보호구역도 확대되었다. 술의 분류가 재검토되어 네 종류로 나뉘었다. 어디에서도 한 종류의 술밖에 팔 수 없었다. 법을 위반한 술집은 그 날로 문을 닫아야 했다. 주인이 사망하거나 소유권이 바뀔 때마다 새 주인은 관청에서 다시 영업 허가를 얻어야 했다. 한 동안 이런 규제는 좀처럼 완화되지 않았다. 오히려 보호구역이 더욱 강화되었고 알코올이 들어간 음료의 광고도 엄격한 통제를 받았다. 미성년자는 절대적인 보호 대상이었다. 술집 주인은 알코올의 위험을 알리는 경고문을 눈에 잘 띄는 곳에 의무적으로 내걸어야 했다.

그러나 온갖 유형의 사람들이 만나는 공공장소였던 카페는 도박, 암거래, 매음 등 수많은 위험에 노출될 수밖에 없었다. 이런 범죄적 행위는 언제나 은밀하게 진행되었기 때문에 술집 주인들은 감시의 눈길을 늦출수가 없었다. 밤늦게까지 문을 열어 놓아야했던 카페 주인들에게는 야간 소음도 해결해야 할 과제였다.

닫는 글
아담한 카페에서

하루 일이 끝났다. 피곤하지만 기분은 상쾌하다. 퇴근길을 서두른
다. 해는 저물고 비까지 내린다. 가로등 불빛에 반사된 포도鋪道는
푸르스름한 기운을 띤다. 저기, 길 끝에서 반짝이는 불빛이 눈길
을 끈다. 친구들이 기다리는 바의 조명이다. 김이 서린 유리창으
로 흘끗 안을 훔쳐본다. 카운터 주변에 어른거리는 그림자들, 테
이블에 옹기종기 모여 앉은 사람들…. 주머니에서 손을 꺼내 문을
열고 들어간다. 작은 종이 딸랑거리는 소리를 낸다. 몇 사람의 눈
길이 문으로 향한다. 그들에게 인사를 건넨다.

"친구들, 잘 있었나?"

그들과 악수를 나누고 포옹까지 한다.

그리고 주문을 한다. "평소대로! 커피 한 잔과 브랜디!"

레인코트를 벗고 자리에 앉는다. 이제부터 행복한 시간이다.
그를 따뜻하게 감싸주는 낯익은 장식들로 꾸며진 공간에 되돌아
왔다는 안도감이다. 묵직한 주철 다리 위에 대리석판을 올려놓은
동그란 작은 테이블, 붉은 인조가죽을 덧댄 길쭉한 의자, 반짝이
는 카운터에 올려진 계산기, 반듯하게 정돈된 각양각색의 술병들,

차곡차곡 쌓인 채 손님을 기다리는 잔과 그 받침…. 퍼콜레이터가 부르릉거리더니 바람빠지는 소리를 낸다. 언제라도 수십 개의 잔을 커피로 채울 태세이다. 옅은 수증기가 개수대에서 피어오른다. 여급인 에디트가 한 구석에서 잔들을 씻고 있다.

"눈코 뜰 새 없이 바빠요. 꿈 꿀 시간조차 없다고요!"

그녀의 불평에 단골손님들은 그저 미소로 답해줄 뿐이다. 하얀 셔츠에 검은 정장을 입은 웨이터는 손가락 끝에 쟁반을 올린 채 숨을 헐떡이며 "흑맥주 셋, 압생트 둘, 베르무트 셋!"이라 소리친다. 굵직한 목소리가 대답한다.

"오케이!"

주인의 목소리다. 소매를

알리에 주 쿠종 마을의 카페 오부아롱. 언젠가부터 문이 굳게 닫혀 있다.

걷어부친 주인은 서둘러 움직인다. 두 팔이 부족할 지경이다. 항상 구석자리를 차지하는 두 사람이 파이프를 문 채 하염없이 메뉴판을 두들겨대며 재촉하기 때문이다. 옆방에서는 당구공끼리 부딪치는 소리가 들린다. 번갈아가며 터지는 환성과 푸념이 그 소리에 뒤섞인다.

리옹의 프랑시스크 레고 광장에 있는 그랑 카페 데 네고시앙.

"저런, 앙투안도 왔구먼."

실로 오랜만에 보는 얼굴이다.

"어찌 지냈나? 그동안 신나는 일이라도 있었나?"

의례적인 인사를 주고받은 후 진지한 대화가 끝을 모르고 이어진다. 대화의 주제는 가릴 것이 없다. 가족, 친구, 직장, 정치, 캉캉춤….

"이보게! 같은 걸로 한 잔 더!"

다시 잔이 채워지고 시간이 흘러간다. 이제 집에 돌아갈 시간이다. 계산대 앞에서 술값을 치른다.

"난 갑니다! 내일 또 봅시다!"

카페는 탄생한 순간부터 역사, 아니 문화의 일부였다. 볼테르와 디드로가 품격있는 글로 카페를 찬양했고, 프랑스 대혁명이 계획되었다. 그러나 양지가 있으면 음지가 있는 법이던가. 카페는 어중이떠중이가 모여드는 한마디로 천민의 소굴이고, '신사는 결코 가까이할 수는 없는 음지'에 불과하다며 비방하는 사람들이 적지 않았다.

그러나 카페는 끈질긴 생명력을 보여주며 19세기 내내 우리 삶을 풍요롭게 해주었다. 사회의 모든 계층이 카페를 드나들었다. 노동자들은 공장 문을 나서면서 카페를 찾았고 농부들은 일요일의 모임을 카페에서 가졌다. 선원들은 긴 항해를 끝내고 배에서 내리면 곧바로 카페로 몰려갔다. 부르주아는 넓은 대로 옆의 테라스에서 한담閑談을 나누었다.

무엇보다 카페는 자유인들이 즐겨찾는 곳이었다. 학생, 작가, 화가가 카페에 모여 황금 같은 시간을 보냈다. 반 고흐는 카페의 색을 그렸고 랭보는 카페의 시를 노래했다. 지금도 카페를 찾는 사람들은 그 독특한 색과 시를 맛볼 수 있으리라.

내일, 또 봅시다!
그러나 내일은 오늘과 다르다. 이 카페가 내일도 문을 열까? 카페가 어려운 시기를 맞고 있다. 하루가 다르게 문을 닫는 카페가 늘어나고 있다. 1차 세계 대전 전에는 거의 50만 곳의 카페가 있었지만 이제는 5만 곳밖에 남지 않았다. 카페는 여전히 삶의 일부이지만 잔인하게도 하나 둘씩 사라지고 있다.

세월이 지나면 몽마르트르의 카페들이 은행 지점이나 자동차 수리점으로 하나씩 변해가리라는 파르그의 예언은 전국적으로 확산되어가고 있다.(《파리의 산책자》, 레옹 폴 파르그)

시골에서도 농부들이 만남의 장소를 잃었다. 도시에서도 눈에 띄지 않게 변화가 일어나고 있다. 요즘도 카페는 여전히 충분한 듯 하지만 전성시대에 비할 바가 아니다. 하지만 여전히 살아서 숨쉬고 있다는 것을 보여주려는 듯 간판은 더욱 화려하게 반짝거린다. 과거의 단골손님들도 이제는 서둘러 집으로 향한다. 예전에 비해 집이 안락해진 것은 사실이다. 또한 커피나 술을 마시러 일부러 카페를 찾아갈 이유도 없다. 냉장고에 온갖 마실거리가 시원하게 준비되어 있지 않은가! 길모퉁이에 있는 카페에서 친구를 만나기보다는 집으로 친구를 초대하는 것이 훨씬 편하다. 신문을 읽으려고 붉은 인조가죽이 씌워진 의자에 힘들게 앉아있을 필요도 없다. 라디오와 텔레비전이 세상 소식을 친절하게 알려주는 세상이 아닌가! 텔레비전 리모콘의 버튼을 누르기만 하면 권태를 쉽게 날려버릴 수 있다. 게다가 컴퓨터와 인터넷의 시대가 도래했다. 덕분에 외출할 필요조차도 없다.

그러나 모든 것을 되짚어 생각해볼 필요가 있다. 카페는 나름대로의 강력한 사회적 역할을 갖는다. 한 세기 전에 '살롱을 갖지 않은 사람들을 위한 살롱'이라 불렸던 비스트로는 오늘날에도 여전히 서민들의 친구로 남아있다. 가장 불행한 사람들이 도움을 받을 수 있는 곳이기도 하다. 이런 사실은 벨빌 구역의 카페들을 대상으로 조사한 안느 슈타이너Anne Steiner의 연구결과에서 증명된 것이다. 카페는 가난한 사람들이 급한 소식이나 전보를 받을 수 있고, 하루에도 여러 번 복용해야 하는 약을 맡겨둘 수 있는 곳이다. 또한 카페를 집보다 안전한 곳이라 생각해 소중한 물건을 카페 주인에게 맡겨두기도 한다.(《취기의 욕망》 중 '벨빌의 카페들')

심지어 카페 주인들은 손님에게 돈을 빌려주기도 하며 서류를 대신 작성해주기도 한다. 인구가 급속히 줄어드는 시골에서 근근이 명맥을 이어가는 카페는 고향을 지키는 노인들에게 카페는 유일한 안식처다. 가족을 도시에 빼앗긴 사람들을 반갑게 맞아주며 기분과 건강을 묻는다. 푸념에 귀를 기울여주고 그들의 기분을 북돋워주려 애쓴다. 덕분에 그들은 약간의 위안을 얻고 외로움을 잊은 채 집을 돌아갈 수 있다.

카페도 사회의 변화에 발맞추어 '새로운 모습'으로 탈바꿈해야 했다. 개인을 중시하는 사회적 요구에 따라 카페 주인들도 나름대로 상상력과 역동성을 보여주어야만 했다. 젊은 층을 끌어들이기 위해서 많은 카페가 작은 선술집 형태의 '펍pub'으로 바뀌었지만, 옛날의 카페처럼 흥겨운 분위기를 되살려낼 수 있어야 했다. 따라서 주인들은 볼거리를 마련했다. 이른바 주제가 있는 카페가 유행하게 되었다. 철학을 논하는 카페가 생겼고, 시를 커다란 목소리로 낭송할 수 있는 카페가 생겼다. 심지어 서점과 함께 있는 카페도 생겼다. 커피를 마시고 작품을 토론하면서 여러 사람의 생각을 얻을 수 있는 곳이다.

스타일이 제각각이었듯이 음악도 제각각이었다. 재즈, 로큰롤, 라틴음악, 그리고 클래식까지. 고성능 하이파이 음향 시설에 만족하지 않고 직접 연주가 행해졌다. 대중과 함께 호흡하면서 재능을 펼쳐 보일 기회가 음악가들에게 주어졌다. 그리고 인터넷 시설이 갖추어진 카페도 생겨났다. 또한 커다란 스포츠 경기에 돈을 공개적으로 거는 카페도 있다. 큰 경기가 열리는 날이면 의자는 커다란 스크린을 향해 나란히 배치된다. 마치 소규모 강연장을 연상시키는 모습이다. 누가 승리할지, 돈을 딸지 아니면 잃을지는 문제가 아니다. 함께 먹고 마시며 즐기기에 더욱 재밌는 시간이다. 이 때문에 돈을 따면 더욱 즐겁고 돈을 잃어도 그다지 실망스럽지는 않다.

이것이 바로 카페의 매력이다. 카페여, 시골에서도 다시 태어나다오! 도시의 구석구석에서 영원히 그 자리를 지켜다오! 집으로 돌아가는 동료에게 영원의 약속처럼 우렁찬 목소리로 "내일, 또 보자구!"라고 소리칠 수 있게 해다오! 이별의 노래가 이제는 되풀이되지 않게 해다오!

카페는 모두에게 소중한 공간이다.

카페를 사랑한 사람들

국적을 따로 적지 않은 사람은 프랑스 인이다.

강베타, 레옹Léon Gambetta
1838~1882. 프랑스의 정치가. 나폴레옹의 전제정치를 반대하였다.

고갱, 폴Paul Gauguin
1848~1903. 화가. 후기 인상주의. 작업의 무대가 된 타히티 섬 원주민의 건강한
인간성과 열대의 밝고 강렬한 색채가 그의 예술을 완성시켰다.

공쿠르 형제Goncourts
에드몬드Edmond 1822~1896, 쥘Jules 1830~1870. 형제 소설가. 자연주의 소설
의 선구자로, 인상파풍의 시각적 효과를 노렸다. 사후에 '공쿠르 상'이 설립되었다.
《제르미니 라세르퇴Germinie Lacerteux》(1865) 강렬한 성본능을 이겨내지 못하여
몸을 망치는 히스테리증 하녀 제르미니의 이중생활을 속속들이 파헤침.
《마네트 살로몽Manette Salomon》(1867) 파리에서 살아가는 예술가들의 투쟁을
그린 소설.
* 이 두 권은 예술가와 노이로제를 동시에 그린 문학 작품으로 반 고흐의 〈의사 가셰의 초상〉
  에 그려져있음.

나다르Nadar

1820~1910. 사진가·만화가·문필가. 보들레르, 바그너 등을 모델로 초상사진집을
출판, 초상사진의 제1인자가 되었다.

네르발, 제라르Gérard de Nerval

1808~1855. 시인·소설가. 상징주의의 선구적 작품이라 할 만한 《환상시집》이 대
표작이다.

> 《10월의 밤Les Nuits d'octobre》
> 《마담 사귀에의 카바레Le Cabaret de la mère Saguet》
> 《파이욜의 후작Le Marquis de Fayolle》 (1849)

당통, 조르쥬 자크Georges Jacques Danton

1759~1794. 정치가·파리코뮌의 검찰관 차석 보좌관과 법무장관을 지냈다. 우익
성향으로 혁명적 독재와 공포정치의 완화를 요구하다가 로베스 피에르에 의해 처형
당했다.

데물랭, 카미유Camille Desmoulins

1760~1794. 언론인·정치가. 1789년 7월 12일 바스티유 감옥 공격 직전 선동연설
로 민중을 자극하여 일약 유명해졌으며, 혁명 후 국민공회 의원이 되었다.

델보, 알프레드Alfred Delvau

1825~1867. 프랑스의 언론인·작가.

> 《파리의 즐거움Les Plaisirs de Paris》 (1867) 당시 세계의 중심이었던 파리에 대한
> 실용적인 가이드로, 다양한 일러스트가 돋보인다.

도데, 레옹Léon Daudet

1867~1942. 프랑스의 작가·저널리스트·극우파 정치가. 알퐁스 도데의 아들.

> 《살롱과 일기Salons et Journaux》 산문집

도데, 알퐁스Alfonse Daudet

1840~1897. 19세기 후반 프랑스의 소설가.

> 《두 여인숙Les Deux auberge》 단편 소설. 작은 마을에 있는 두 여인숙을 그린 소
> 설로, 미려한 묘사가 볼만함.
> 《시인 미스트랄Le poète Mistral》 실제로 도데와 교류했던 시인 미스트랄과 그가
> 지낸 남프랑스를 묘사한 단편 소설.

도르빌리, 바르베Barbey d'Aurevilly

1808~1889. 프랑스의 소설가. 환상적인 미스터리 작품으로 대표된다.

《휘스트 게임의 카드 뒷면Le Dessous de cartes d'une partie de whist》(1850) 당시
노르만의 귀족 세계를 묘사한 작품으로 이 닫힌 세계가 스코틀랜드에서 온 현명한
선수와 수수께끼의 백작 부인 사이의 만남에서 파괴되는 것을 그려냈다.

도미에, 오노레Honoré Daumier

1808~1879. 화가·판화가. 분노와 고통을 호소하는 민중의 진정한 모습과 귀족과
부르주아지의 생태를 그렸다.

뒤비, 조르쥬Georges Duby

1919-1996. 아날학파를 이끈 프랑스 역사가.

《프랑스 농촌의 역사Histoire de la France rurale》(1981) 아르망 발롱Armand
Wallon과 함께 썼다. 1789년부터 1914년의 프랑스 농촌의 절정 시기와 위기를
연구한 역사서.

드가, 에드가Edgar Degas

1834~1717. 화가. 파리의 근대적인 생활에서 주제를 찾아 정확한 소묘능력 위에
신선하고 화려한 색채감이 넘치는 작품을 남겼다.

드레퓌스, 알프레드Alfred Dreyfus

1859~1935. 유대 계 프랑스의 육군 장교. 군사정보를 독일 측에 통보한 편지의 범
인으로 무기유형에 처해졌으나 그의 무죄를 증명하는 유리한 증거가 발견되어 사건
은 정치투쟁으로 전환되었다. 이 사건은 우익진영과 좌익진영 사이의 뿌리 깊은 대
립을 나타내고 제3공화제와 프랑스 근대사에 영향을 끼쳤다.

들라에, 마리 클로드Marie-Claude Delahaye · 노엘, 브누아Benoît Noël

《압생트, 예술가의 뮤즈L'absinthe, muse des artistes》(1999) 미술품 콜렉터
와 큐레이터인 저자 둘이 19세기 말 예술가들의 작품에서 압생트의 흔적을 찾아
내 기록한 책.

디드로, 드니스Denis Diderot

1713~1784. 철학자·문학자.18세기를 대표하는 계몽주의 사상가.

《라모의 조카Le Neveu de Rameau》(1791) 작가와 음악가 라모의 조카인 엉터리
악사가 카페에서 대화하는 형식의 작품. 권력에게 아첨하고 실용주의 학자들을
공격하는 어용문인들을 비판하는 내용이 주를 이룬다.

라모트, 앙투안 우다르 드 Antoine Houdar de La Motte
1672~1731. 시인·문예평론가. 오페라 대본이나 비극 작품도 남겼다.

라신, 장 밥티스트Jean-Baptiste Racine
1639~1699. 작가. 대사를 음악이며 동시에 장치로 사용한 정념비극의 걸작으로 성공을 거두었다.

라클로, 쇼데를로스 드 Choderlos de Laclos
1741~1803. 군인·소설가. 근무지 그르노블에서 보낸 6년간의 견문을 바탕으로 쓴 심리소설 《위험한 관계》로 유명하다.

라퐁텐, 장 드 Jean de La Fontaine
1621~1695. 시인·대표적 우화작가. 시구의 거의 완벽한 음악성, 동물을 의인화하여 인간 희극을 부각시키는 절묘성이 높이 평가된다.

랭보, 장 니콜라 아르튀르Jean-Nicolas-Arthur Rimbaud
1854~1891. 시인. 조숙한 천재로 15세부터 20세 사이에 작품을 썼다.

로베르, 위베르Hubert Robert
1733~1808. 프랑스의 풍경 화가. 주로 로마의 폐허가 있는 풍경이나 고대건축을 시적인 정취로 그렸다.

로트레크, 앙리 드 툴루즈Henri de Toulouse Lautrec
1864~1901. 화가. 파리 몽마르트르에서 술집·매음굴 등을 소재로 작품을 제작했다. 날카롭고 박력 있는 그의 소묘는 근대 소묘사에서 중요한 위치를 차지한다.

로프, 펠리시엥Félicien Rops
1833~1898. 벨기에의 화가.

루소, 장 자크Jean-Jacques Rousseau
1712~1778. 사상가·소설가. 그의 자유민권 사상이 프랑스 혁명 지도자들의 사상적 지주가 되었고, 19세기 프랑스 낭만주의 문학의 선구 역할을 하였다.

뤼미에르 형제Lumières
오귀스트Auguste 1862~1954, 루이Loius 1864~1948. 프랑스의 기계 제작자인 동시에 제작·흥행·배급 등 현재의 영화제작 보급형태의 선구적 역할을 한 영화의 시조.

르누아르, 오귀스트Auguste Renoir

1841~1919. 화가. 인상주의의 한 사람으로서 빛나는 색채 표현을 전개했다.

르두, 클로드 니콜라Claude-Nicolas Ledoux

1736~1806. 프랑스의 건축가. 상류 계급의 저택 등을 설계하였으며, 왕실의 건축가로도 활동하였다.

마네, 에두아르Edouard Manet

1832~1883. 화가. 인상주의의 아버지. 세련된 도시적 감각의 소유자로 주위의 활기 있는 현실을 예민하게 포착하는 필력에서는 유례 없는 화가였다.

마라, 장 폴Jean Paul Marat

1743~1793. 혁명가. 잡지 《인민의 벗》을 창간하여 혁명을 인민의 입장에서 감시하면서 민중의 정치참여를 고취하였다.

마리보, 피에르 카를레 드 샹블랭Pierre Carlet de Chamblain de Marivaux

1688~1763. 극작가·소설가. 우아하고 세련되며 고답적인 그의 문체는 '마리보다지'라 불린다.

메르시에, 루이 세바스티앙Louis-Sébastien Mercier

1740~1814. 작가이자 국민의회 의원.
《파리의 풍경Le Tableau de Paris》 프랑스 혁명에 대한 예언적 상상을 기록한 희곡.

모딜리아니, 아메데오Amedeo Modigliani

1884~1920. 이탈리아의 화가. 탁월한 데생력을 반영하는 리드미컬하고 힘찬 선의 구성, 미묘한 색조와 중후한 마티에르 등이 특색이다.

모라스, 샤를Charles Maurras

1868~1952. 시인·비평가·사상가. 우익단체 '악시옹 프랑세즈'를 결성, 왕정주의와 국가주의를 주장해 언론계에 영향을 끼쳤다.

모레아스, 장Jean Moréas

1856~1910. 아테네 출신의 프랑스 시인. 상징파의 이론적 지도자였다.

모파상, 기 드Guy de Maupassant

1850~1893. 프랑스의 소설가. 장편 《여자의 일생》은 프랑스 사실주의 문학이 낳은 걸작으로 평가된다. 무감동적인 문체로, 이상 성격 소유자, 염세주의적 인물이 많이 등장한다.

《벨라미Bel ami》 (1885) 장편 소설. 무명의 청년 조르주 뒤루아가 타고난 외모와 간교한 지혜를 이용해 경박한 파리 사교계에서 기반을 닦아 마침내 대부호의 사위가 되어 장인이 경영하고 있는 신문사의 실권을 장악하고 파리 언론계에 군림하게 되는 이야기.

《가족En famille》 (1881) 단편 소설.

《폴의 여자La femme de Paul》 (1881) 단편 소설.

《두 친구Deux Amis》 (1882) 단편 소설. 강가에서 낚시를 즐기다가 단지 전쟁 중이라는 정치적 상황 때문에 죽음을 당하는 두 친구의 모습과 아무일도 없었던 것처럼 일상으로 돌아가는 프러시아군을 대비시켜 전쟁으로 인해 상처받은 인간성과 잔인성을 주의깊고 세밀하게 묘사.

《취객L'Ivrogne》 (1884) 단편 소설.

《이베트Yvette》 (1884) 단편 소설.

《저녁Une Soirée》 (1887) 단편 소설.

《왼손La Main gauche》 (1889) 중편 소설.

《익사자Le Noyé》 (1890) 단편 소설.

몰리에르Molière

1622~1673. 극작가·배우. 인간의 복잡한 성격을 고찰한 함축성 있는 희극으로 유명하다.

몽테스키외Montesquieu

1689~1755. 사상가로 보르도 고등법원장을 지냈다. 삼권분립 이론으로 왕정복고와 미국 독립 등에 영향을 주었다.

《페르시아에서 보내온 편지Lettres persanes》 (1721) 시간체 소설. 페르시아 사람들끼리의 편지 형식을 빌려 루이 14세 절대권력의 횡행과 종교의 군림 등 당시 프랑스 사회를 비판하는 몽테스키외의 사상이 담겨있다.

무어, 조지George Moore

1852~1933. 아일랜드의 소설가·시인·평론가·극작가.

《한 청년의 고백Confessions of a Young Man》 (1888) 소설.

뮈르제, 앙리Henry Murger
1822~1861. 프랑스의 소설가·시인.
　《보헤미안 생활Scènes de la vie de bohème》(1851) 파리의 보헤미안과 고급 창
녀들의 이야기로, 오페라 〈라보엠〉의 원작이기도 하다.

미르보, 옥타브Octave Mirbeau
1850~1917. 프랑스의 소설가·극작가·저널리스트. 다수의 극평·미술비평·정치평
론 등을 신문이나 잡지에 기고하여 반향을 불러일으켰다.
　《한 카페 여급의 일기Journal d'une femme de chambre》(1900) 소설.

밀레, 장 프랑수아Jean François Millet
1814~1875. 화가. 농민생활에서 취재한 일련의 작품을 제작하여 독특한 시적 정감
과 우수에 찬 분위기가 감도는 화풍을 확립, 바르비종파의 대표적 화가가 되었다.

바쿠닌, 미하일 알렉산드로비치Mikhail Aleksandrovich Bakunin
1814~1876. 러시아의 혁명가, 급진적인 무정부주의자.

발레스, 쥘Jules Vallès
1832~1885. 프랑스의 소설가·언론인. 파리코뮌의 중요한 일원으로 활동하였다.
　《어린이L'enfant》(1879) 자전적 전기 소설.

발자크, 오노레 드Honoré de Balzac
1799~1850. 소설가, 사실주의의 선구자이다. 작중인물이 다른 작품에도 재등장하
는 기법을 사용하여, 자신의 전 작품을 종합적 제목 《인간희극》 아래 하나의 시리즈
처럼 취급하였다.
　《상어가죽La Peau de chagrin》(1831) 철학적 내용을 담고 있다.
　《여자낚시꾼La Rabouilleuse》(1842)
　《농민Les Paysans》(1844) 미완성.

방빌, 테오도르 드Theodore de Banville
1823~1891. 시인. 신문에 극평과 풍자문을 써서 부르주아 계급을 공격하였다.

베르아렌, 에밀Emile Verhaeren
1855~1916. 벨기에의 시인. 상징주의 시를 썼다.
　《사방으로 뻗은 도시들Les Villes tentaculaires》(1895) 시 모음집. 증가하는 도시
를 비판하는 내용의 시들로 이루어져 있다.

베를렌, 폴 마리Paul-Marie Verlaine

1844~1896. 상징파의 시인. 낭만파나 고답파에서 탈피, 리듬을 중시하고 다채로운 기교를 구사하였다.

베버, 외젠Eugen Weber

1925~2007. 루마니아 출신의 영국 사학자.
《농토의 끝La fin des terroirs》(1984) 19세기 말 프랑스 농촌의 근대화에 대한 논문이다.

보들레르, 샤를Charles Baudelaire

1821~1867. 프랑스의 시인.
《인공 낙원Les Paradis artificiels》(1860) 이방인 의식을 통해 낙원을 재창조할 수 있다는 상징주의적 시집.

보방, 세바스티앵 르 프레스트르 드Sebastien Le Prestre de Vauban

1633~1707. 건축가. 툴롱 군항 건설을 담당하였고, 실전에서 참호를 처음으로 적용하였다. 말년에 《왕궁의 십일조 세안》을 집필하여 올바른 조세 정책을 건의하였다.

보부아르, 시몬 드Simone de Beauvoir

1908~1986. 프랑스의 실존주의 소설가 · 사상가. 여성론 《제2의 성》은 큰 반향을 일으켰다.

보탱, 루이 외젠 마리Louis-Eugène-Marie Bautain

1796~1867. 프랑스의 철학자 · 신학자 신부.
《시골의 아름다운 계절La Belle Saison à la campagne》(1858)

볼테르Voltaire

1694~1778. 작가, 대표적 계몽사상가. 그의 비극은 17세기 고전주의의 계승으로 인정되고, 철학이나 역사 작품이 높이 평가된다.

부테, 제라르Gérard Boutet

1945~. 프랑스의 작가.
《이제는 잊혀진 작은 직업들petits métiers oubliés》(1997) 《힘겨운 돈벌이Les Gagne-misère》전집의 세번째 권.

브뤼앙, 아리스티드Aristide Bruant

1851~1925. 프랑스의 가수·작사·작곡가. 파리의 하층계급 사람들과 사귀고, 그
비참한 생활을 음악으로 만들어 노래했다.

브르통, 레티프 드 라Rétif de la Bretonne

1734~1806. 사실주의 작가.

《파리의 밤La nuit de Paris》 (1788)

비올레르뒤크, 외젠 엠마누엘Eugene-Emmanuel Viollet-le-Duc

1814~1879. 건축가. 파리 노트르담 대성당 등 프랑스 중세건축의 수리와 복원에
큰 공을 세웠다.

사르트르, 장 폴Jean-Paul Sartre

1905~1980. 프랑스의 작가·사상가. 철학논문 《존재와 무》(1943)는 무신론적 실존
주의의 입장에서 전개한 존재론으로, 2차 세계 대전 전후 시대 사조를 대표한다.

상드, 조르쥬George Sand

1804~1876. 소설가. 남장 차림, 시인 뮈세와 음악가 쇼팽과의 모성적 연애사건이
유명하다. 선각적 여성해방운동 투사로도 재평가된다.

생파르고, 루이 미셸 르 펠르티에 드Louis Michel le Peletier de Saint-Fargeau

1760~1793. 정치가. 혁명 당시 국회의장이었음.

생피에르, 자크 앙리 베르나르댕 드Jacques-Henri Bernardin de Saint-Pierre

1737~1814. 프랑스의 작가. 풍부한 종교적 정감과 신선한 자연관으로, 부패한 사회
에 환멸을 느끼던 사람들의 관심을 끌었다.

《폴과 비르지니Paul et Virginie》 (1787) 어린 시절부터 함께 자란 두 남녀의 슬픈
사랑 이야기.

샹플뢰리Champfleury

1821~1889. 본명 쥘 프랑수아 펠릭스 위송Jules-François-Félix Husson. 프랑스 소설
가·언론인으로 사실주의 운동의 이론가.

《젊은 시절의 회상과 초상Souvenirs et portraits de jeunesse》 (1872) 작가의 젊은
시절 및 다른 문인들과의 교류에 대하여 쓴 작품.

셀린, 루이 페르디낭Louis-Ferdinand Céline
1894~1961. 프랑스의 소설가. 반역적反逆的이고 풍자적인 소설을 발표하였다.
《외상 죽음Mort à crédit》(1836) 주인공의 여행기로, 자본주의에 대해 비판적인
시선을 견지한다.

수틴, 카임Chaim Soutine
1894~1943. 리투아니아의 화가. 선명하고 강렬한 색채와, 대상을 강하게 왜곡시키
는 주관적 표현의 풍경화로 대표된다.

슈나바르, 폴Paul Chenavard
1807~1895. 화가. 철학적 주제의 그림을 주로 그렸으며, 들라크루아와 막역한 사
이였다.

스탕달Stendhal
1783~1842. 본명 마리 앙리 벨Marie Henri Beyle. 발자크와 함께 19세기 프랑스 소
설의 2대 거장으로 꼽힌다.
《적과 흑Le Rouge et le Noir》(1830) 한 시골청년이 뛰어난 지성과 불굴의 의지
로 출세가도를 헤쳐 나가는 이야기로, 왕정복고 시대의 프랑스 사회를 예리하게
비판함.
《에고티즘의 회상Souvenirs d'égotisme》(1892) 사후 출간. 자서전.
《뤼시앙 뢰방Lucien Leuwen》(1894) 사후 출간, 미완성. 파리의 부유한 집의 자제
뤼시앙 뢰방이 학교에서 쫓겨난 후 젊은 미망인을 만나 사랑에 빠지는 이야기.

시슬리, 알프레드Alfred Sisley
1839~1899. 인상주의 풍경 화가.

아폴리네르, 기욤Guillaume Apollinaire
1880~1918. 시인·소설가. 당시 서정적인 시에서 흔히 볼 수 있는 애정·이별·회
한 등을 다루었으나, 확실히 20세기 새로운 예술의 창조자이기도 하다.

알랭푸르니에Alain-Fournier
1886~1914. 프랑스의 소설가·시인.
《대장 몬느Le Grand Meaulnes》(1913) '상트 아가트 상급 학교'를 중심으로 벌
어지는 우정과 사랑, 모험을 그린 청춘 소설.

에르크만, 에밀Emile Erckmann 1822~1899.

샤트리앙, 루이 알렉산드르Louis-Alexandre Chatrian 1826~1890.

공동 집필가이며, 19세기 프랑스 최초로 소박한 지방주의 소설을 쓰기 시작했다.

《하사관의 이야기Histoire d'un sous-maître》 (1871) 농촌에 관한 소설.

영, 아서Arthur Young

1741~1820. 영국의 작가. 주로 농업, 경제, 사회 통계에 관한 글을 썼다.

《프랑스 여행Vayage en France》 (1792) 18세기 말 농업혁명기에 프랑스 각지의 농업사정을 시찰하고 쓴 여행기.

위고, 빅토르Victor Hugo

1802~1885. 프랑스의 낭만파 시인, 소설가·극작가.

《1793년Quatre-vingt-treize》 (1874) 1793년을 살아간 한 개인의 인생을 통해, 프랑스 혁명을 이야기하는 소설.

위스망스, 조리스 카를Joris-Karl Huysmans

1848~1907. 소설가.

《파리 크로키Croquis parisiens》 (1880)

제임스, 헨리Henry James

1843~1916. 미국의 소설가·비평가.

졸라, 에밀Emile Zola

1840~1902. 이상주의적 사회주의자였던 프랑스 소설가.

《루공 마카르 총서Les Rougon-Macquart》 루공, 마카르 두 집안 인간의 복잡한 운명을 삽입하여 제2제정기의 프랑스 사회를 묘사한 20권짜리 시리즈로, 자연주의 문학의 절정이다. 졸라의 대표작은 대부분 이 시리즈에 속해 있다.

－《주임사제La Curé》 (1872) 루공의 이야기로, 파리에서 대규모 공사가 벌어지던 동안의 그의 급박한 운명을 그렸음.

－《파리의 중심Le Ventre de Paris》 (1873)

－《플라상스의 정복La Conquête de Plassans》 (1874)

－《목로주점L'Assommoir》 (1877) 애인과 함께 일을 찾아 파리로 올라온 여주인공 제르베즈를 통해 파리 노동자들을 풍자스럽게 그린 소설.

－《나나Nana》 (1880)

－《제르미날Germinal》 (1885) 《목로주점》의 주인공 제르베즈의 셋째 아들인 광부 에티엔 랑체를 주인공으로 해 탄광 파업을 묘사하고 민중의 힘을 장대하게 그

린 서사시적 소설이다.

–《총서L'Œuvre》 (1886)

–《대지La terre》 (1887)

–《인간이란 동물La Bête humaine》 (1890)

–《나는 고발한다J'accuse》 (1894) 일간지 〈로로르L'aurore〉에 실림. 드레퓌스 사건 재판의 부당성에 대해 프랑스 군부와 왕당파,종교계를 강하게 비판한 글.

지로, 로베르Robert Giraud

1921~1997. 프랑스의 시인 · 작가 · 어학자.

《비스트로의 은어들L'Argot du bistrot》 (1989)

지오노, 장Jean Giono

1895~1970. 소설가. 지방주의 작가로 활약. 착잡하고 신비적인 작품으로 인생이 무엇인지를 표현하려 하였다.

《소생Regain》 (1930) 《언덕》《보뮈뉴에서 온 사람》과 목신 3부작을 구성하고 있음.

《마노스크 데 플라토Manosque-des-Plateaux》 (1931) 에세이집.

《연민의 고독La solitude de la pitié》 (1932) 소설.

《생명의 승리Le Triomphe de la vie》 (1942) 소설.

《쉬즈의 붓꽃L'Iris de Suse》 (1970) 소설.

카리요, 엔리케 고메스Enrique Gómez Carrillo

1873~1917. 과테말라의 작가 · 평론가 · 언론인.

클레망소, 조르쥬Georges Clemenceau

1841~1929. 프랑스의 정치가 · 언론인 · 의사. 육군장관이 되어 1차 세계 대전에서 프랑스를 승리로 이끌었다.

토네트, 미하일Michael Thonet

1796~1871. 독일의 가구 제조업자. 가구 디자인이라는 영역을 개척한 벤트우드 bentwood 의자로 유명하다.

톨스토이, 레프 니콜라예비치Lev Nikolaevich Tolstoi

1828~1920. 러시아의 소설가 · 사상가. 그는 말년에 민중들을 향한 교육에 정열을 쏟으며, "민중 교육은 모든 사람들이 가장 최고의 행복을 달성하기 위해 유일한 합법적인 의식 활동이다."라고 했다. 《민중교육에 대하여》도 그즈음의 저작이다.

파뇰, 마르셀Marcel Pagnol
1895~1974. 프랑스의 극작가 · 영화제작자 · 영화감독.
《마리우스Marius》(1929) 풍자 3부작 중 하나. 마르세유의 어느 술집을 무대로
그 곳에 모여드는 소박하고 순진한 사람들의 생활을 방언과 웃음을 교묘하게 구
사하여 향토색이 풍부하게 묘사하였다.

파르그, 레옹 폴Léon-Paul Fargue
1876~1947. 시인
《파리의 산책자Le Piéton de Paris》(1939) 1 · 2차 세계 대전 사이 파리의 모습을
그린 에세이.
《독Poisons》(1946)

포셰리, 앙투안Antoine Fauchery
1823~1862. 사진가.

프레베르, 자크Jacques Prévert
1900~1977. 시인 · 초현실주의 작가.

플로베르, 귀스타브Gustave Flaubert
1821-1880. 본격 사실주의 소설의 창시자. 문학을 완전히 언어의 문제로 환원시킨
근대 최초의 작가.
《감정교육L'Education sentimentale》(1869) 산문형식으로 이뤄진 한 편의 사랑의
시와 같은 자전적 소설.

피아프, 에디트Edith Piaf
1915~1963. 프랑스의 샹송가수 · 작사자 · 작곡가. 제2차 세계 대전 이후 최고의 샹
송가수라는 평가를 받았다. ·

피카소, 파블로Pablo Ruiz y Picasso
1881~1973. 스페인 태생의 프랑스 화가. 초기에는 인상주의의 영향을 받았으나 나
중에는 입체파의 대표주자가 되었다.

헤밍웨이, 어네스트Ernest Hemingway

1899~1961. 미국의 소설가. 1954년 노벨문학상은 수 U.

《노인과 바다The Old Man and the Sea》 (1952) 이 소설로 퓰리처상을 수상하였다.
《파리는 축제다Movable Feast》 7년간 파리에서 체류했을 당시를 회상하며 써내
려간 에세이. 소설의 구성을 취하고 있다.

후지타 쓰구하루藤田嗣治

1886~1968. 일본의 화가. 1913년부터 파리에서 작업. 고양이와 여자를 주로 그렸다.

벨기에

독일

NORD-PAS-DE-CALAIS
노르

룩셈부르크

마른
CHAMPAGNE
ARDENNE

LORRAINE

ALSACE

보쥬

오트손

욘느

코트도르

BOURGOGNE

FRANCHE-
COMTE

스위스

손에루아르

알리에

앙

론
루아르

RHÔNE
ALPES

AUVERGNE

이제르

이탈리아

캉탈

아르데슈

보클뤼즈

모나코

PROVENCE-ALPES
CÔTE D'AZUR

부슈뒤론

LANGUEDOC-
ROUSSILLON

CORSE

지중해

프랑스의 카페를 더욱 깊이 있게 다룬 책

《18세기 거리의 모습Vivre dans la rue au XVIIIe siècle》, 아를레트 파르쥬 지음, 갈리마르, 1979

《19세기 마르세유, 꿈과 승리Marseille au XIXe siècle, Rêves et triomphes》, 마르세유 박물관 엮음, 국립박물관협회, 1991

《19세기 파리의 카페와 주류소매점Le Petit Monde des café et débits parisiens au XIXe siècle》, 앙리 멜슈와르 드 랑글 지음, PUF, 1990

《구체제 프랑스 시골의 사교적 삶La Sociabilité villageoise dans la France d'Ancien Régime》, 장 피에르 귀통 지음, 아셰트 리테라튀르, 1998

《농촌 사회의 여인들Mari et femme dans la société paysanne》, 마르틴 세갈랑 지음, 플라마리옹, 1980

《리옹의 카페와 브라스리Café et Brasseries de Lyon》, 엘렌 드 라 셀르 지음, 잔느 라피트, 1986

《마르세유 항구Le Port de Marseille》, 알랭 피오렌티노 지음, 에디쉬드, 1984

《브르타뉴 이야기Archives de Bretagne》, 자크 보르제·니콜라 비아노 지음, 미셸 트랑크빌, 1993

《사생활의 역사Histoire de la vie privée》, 조르쥬 뒤비·필립 아리에스 지음, 세이유, 1987

《세계대전 이전의 오보졸레 지방의 오베르쥬와 카바레Auberges et cabarets dans le Haut-Beaujolais avant la Grande Guerre》, 르노 그라티에 드 생루이 지음, 세쥐라 리옹, 1996

《시대의 불행, 프랑스 재앙과 재난의 역사Les Malheurs des temps, histoire des fléux et des calamité en France》, 장 들뤼모·이브 르켕 지음, 라루스, 1987

《유럽 카페의 역사에 대한 입문서Le Guide des café historiques et patrimoniaux d'Europe》, 유럽 카페의 역사와 유산을 사랑하는 사람들 엮음, 프레페랑스, 그르노블, 1999

《주류소매판매권Le Droit des déits de boissons》, 뤽 빌 지음, 리텍, 1992

《추억의 장소들Les Lieux de mémoire》, 피에르 노라 지음, 갈리마르, 1997

《취하고 싶은 욕망Déirs d'ivresse》, 카르망 베르나르 지음, 오트르망, 2000

《카페와 카페 주인의 역사Histoire des café et cafetiers》, 장 클로드 볼로뉴 지음, 라루스, 1993

《커피의 향Le Goût des café》, 마리 프랑스 부아예·에릭 모랭 지음, 템스 앤 허드슨, 1994

《토산품의 종말La Fin des terroirs》, 외젠 조제프 베베르 지음, 파이야르, 1983

《파리 예술가들의 카페, 어제와 오늘Café d'artistes à Paris hier et aujourd'hui》, 제라르 조르쥬 르메르·마르탱 위고 슈라이버 지음, 플림, 1998

《파리 카페의 역사Histoire des café de Paris》, 포스카 지음, 피르맹디도 에 콩파니, 1935

프랑스 문화가 고스란히 담긴 카페의 역사

파리에서 카페는 17세기 말에 시작되었다. 그것도 화려한 모습으로, 귀족들이 모이는 사교의 장으로! 그러나 좋은 것은 모두가 나눠가져야 하는 법이다. 카페는 서민의 세계로 퍼졌고 더불어 다양한 모습을 더해갔다. 심지어 시골 구석에까지도 카페가 들어섰다.

카페는 프랑스어로 '커피'를 뜻한다. 그러나 카페는 처음부터 '검은 음료'만을 파는 곳이 아니었다. 술을 겸했다. 술이 있는 곳에는 당연히 만남이 있었다. 만남이 있는 곳에서 대화가 없을 수 없었고, 대화는 정치와 철학을 주제로 삼았다. 따라서 카페는 정치가 시작되는 곳인 동시에 정치가 끝나는 곳이었다. 프랑스 대혁명을 촉발시킨 바스티유 감옥 습격도 바로 카페에서 시작되었다. 프랑스 사회주의 운동가 장 조레스가 암살된 곳도 바로 카페였다.

카페는 일종의 대명사다. 대중의 사랑을 받았던 만큼 여러 이름으로 불리지 않을 수 없었다. 만쟁그, 트로케 등 다양한 이름으로 불렸지만 가장 흔한 것이 비스트로였다. 따라서 비스트로가 카페이고, 카페가 비스트로인 셈이다. 카페가 '예배당'이라 불린 적도 있었다. 20세기 초 사람들, 특히 시골 사람들이 교회를 멀리하고 일요일이면 아침부터 카페를 찾아 술잔을 기울였기 때문에 성직자들에게 카페는 최대의 숙적이었다. 그야말로 그리스도의 적이었던 셈이다. 그러나 사람들은 그들의 제단祭壇인 양 카페를 찾으며 "예배당에 간다"라고 말했다. 그런 식으로라도 죄책감을 떨쳐내고 싶었던 것일까?

이 책은 단순히 카페의 역사를 조명한 책이 아니다. 카페의 모습을 묘사한 소설과 시를 아우르면서 카페를 통해 당시의 시대상을 추적하고 있다. 그렇다고 고상한 문학만을 언급하는 것은 아니다. 당시의 민중문화와 카페에 얽힌 재미있는 이야기들과 은어들까지 소개하면서 글 읽는 재미를 더해준다.

저자가 프랑스 전역을 돌면서 직접 찍은 사진도 카페의 모습을 이해하는 데 커다란 도움을 주리라 생각한다. 이 책에서 소개하는 프랑스의 카페와 서울을 비롯한 우리 도시의 카페 모습을 비교할 때 많은 차이점을 눈으로 확인할 수 있을 것이다.

충주에서 강 주 헌

카페를 사랑한 그들

파리, 카페 그리고 에스프리

지은이 크리스토프 르페뷔르
옮긴이 강주헌

2008년 2월 11일 1판 1쇄 인쇄
2008년 2월 20일 1판 1쇄 발행

펴낸곳 효형출판
펴낸이 송영만

책임편집 안영찬, 이혜원
디자인 김미정
마케팅 심경보

디자인 자문 최웅림

등록 제 406-2003-031호 | 1994년 9월 16일
주소 경기도 파주시 교하읍 문발리 파주출판도시 532-2
전화 031·955·7600
팩스 031·955·7610
홈페이지 www.hyohyung.co.kr
이메일 booklove@hyohyung.co.kr

ISBN 978-89-5872-057-7 03980

값 13,000원